PARIS

... ET DE DISTRIBUTION

... L'APPROVISIONNEMENT

... SUR LES COURS D'EAU

... LAMARRE

Prix : 1 franc

PARIS

... PALAIS-ROYAL

LES

EAUX DE PARIS

PARIS — IMPRIMERIE SCHILLER AINÉ

LES

EAUX DE PARIS

PRINCIPES

D'AMÉNAGEMENT, D'ÉLÉVATION ET DE DISTRIBUTION

APPLICABLES A L'APPROVISIONNNEMENT

DES VILLES SITUÉES SUR LES COURS D'EAU

Par DELAMARRE

PARIS

CHEZ DENTU, LIBRAIRE, PALAIS-ROYAL

—

1861

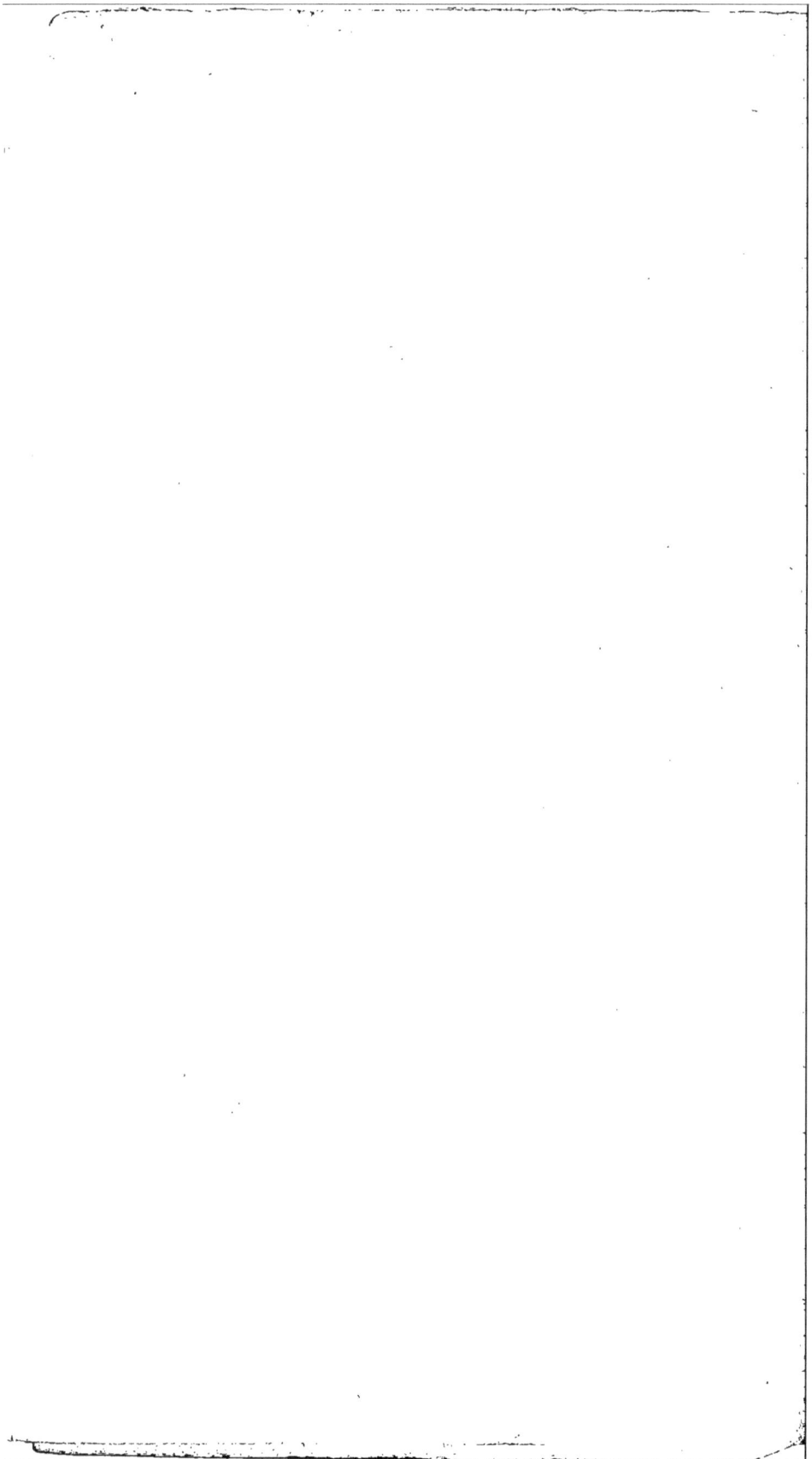

Les proportions inespérées que vient de prendre la question des eaux de Paris, et l'intérêt que le public attache à sa solution, nous ont engagé à réunir en une brochure les divers articles que nous avons récemment publiés dans la *Patrie*.

Ces notes, rédigées pour un journal quotidien, sont loin de présenter cet ensemble qui caractérise d'ordinaire les publications faites d'après un plan préconçu.

Nos lecteurs connaissent notre procédé. Nous ouvrons la discussion sur un sujet. Les documens nous arrivent alors de toutes parts ; le public devient notre collaborateur. C'est ainsi que la question prend parfois un développement inattendu.

Cette méthode a l'inconvénient de multiplier quelques répétitions qui toutefois ne sont pas sans utilité dans un journal.

Nous croyons devoir conserver à notre publication ce caractère de premier jet, qui est la meilleure garantie de sa sincérité, en reproduisant nos articles tels qu'ils ont paru dans la *Patrie*.

LES EAUX DE PARIS

I

CONSOMMATION DE LA CAPITALE.
PROJET DE DÉRIVATION DE LA SOMME-SOUDE.

Les travaux que l'administration des ponts et chaussées va entreprendre pour améliorer la navigation de la Seine, en amont de Paris, nous ayant paru susceptibles d'être combinés avec ceux qui sont applicables à l'approvisionnement des eaux, nous croyons utile d'attirer de nouveau l'attention publique sur cette importante question.

On sait que la consommation d'eau dont Paris dispose ne s'élève pas à plus de 133,000 mètres cubes par jour, dont un sixième tout au plus est potable. Cet approvisionnement est fourni comme il suit :

1° Le canal de l'Ourcq..............	110.000 mètr. c.
2° Les pompes à feu de Chaillot et du Gros-Caillou..................	20.000 »
3° Sources de Belleville et des Prés-Saint-Gervais	500 »
4° Sources de Rungis, par l'aqueduc d'Arcueil.....................	1.600 »
5° Puits artésien de Grenelle........	900 »
Total........	133.000 mètr. c.

Pour une population de 1,600,000 habitans, c'est un contingent individuel de 83 litres par jour, dont un sixième, soit 14 litres, est de l'eau de Seine, applicable à la consommation ménagère.

On sait en effet que, contrairement aux espérances qui ont motivé sa construction, l'eau du canal de l'Ourcq est de très médiocre qualité, par suite du fâcheux mélange de certains petits affluens recueillis dans le parcours du canal.

L'administration municipale, depuis longtemps préoccupée des besoins de la population, a maintes fois reconnu l'insuffisance de la quantité d'eau actuellement disponible, surtout en ce qui concerne les eaux potables et ménagères.

Elle a reconnu la nécessité de doubler au moins l'approvisionnement actuel. C'est pour répondre à ce besoin que M. le préfet de la Seine a fait étudier le projet d'un canal de dérivation pour amener des plateaux crayeux de la Champagne, jusque sur les coteaux de Belleville, qui dominent Paris, une masse nouvelle d'eaux de source, évaluée à 100,000 mètres cubes par jour, quantité à peu près égale au contingent du canal de l'Ourcq.

Tout le monde connaît ce projet d'aqueduc proposé par M. le préfet et consigné dans ses deux Mémoires de 1854 et 1859. Il repose sur les études de M. l'ingénieur Belgrand, qui avait reçu la mission de rechercher des eaux de source de bonne qualité et susceptibles d'être amenées en quantité suffisante sur les points culminans de Paris.

Une délibération du conseil municipal a reconnu que, d'après les recherches de M. Belgrand, *il serait possible* de conduire des plateaux de la Champagne à Paris, par un système d'aqueducs en maçonnerie et de conduits métalliques, et moyennant une dépense qui ne dépasserait pas 26 millions, une eau pure, claire, fraîche et abondante, à une altitude de 80 mètres au-dessus du niveau de la mer, ce qui en permettrait la distribution dans tous les quartiers de la ville et à tous les étages des maisons.

Mais le conseil général des ponts et chaussées a prudemment pensé que cette dépense devait être portée à 30 millions, et des discussions publiques ont démontré depuis que cette prévision serait encore considérablement dépassée.

Les réminiscences de l'antique sont bonnes

t.

parfois, sans áucun doute, et, sous certains rapports, nous croyons qu'elles seraient souvent profitables aux contemporains, mais ce ne pourrait être en matière de constructions hydrauliques.

M. le préfet de la Seine, épris des gigantesques travaux exécutés par la Rome des Césars pour conduire sur ses collines, par neuf aqueducs différens, un volume d'eau prodigieux, aspire à imiter les Romains : il désire ajouter un aqueduc monumental aux splendides édifices dont son administration a déjà doté la capitale.

Tout en respectant la noble ambition du grandiose, nous croyons, avec bon nombre de personnes compétentes, qu'il faut avant tout être de son temps, et tenir compte des progrès acquis.

Pourquoi cette imitation rétrospective et servile des Romains, qui, après tout, dans ces gigantesques travaux, véritable enfance de l'art, ne pouvaient faire que ce qui était possible alors : prendre l'eau sur des cimes supérieures et la laisser couler naturellement par sa propre pesanteur vers la ville souveraine ?

Aujourd'hui la science met à notre disposition des forces inconnues à la civilisation romaine. Ces forces nous permettent d'élever sur place même, contre leur propre poids, des masses d'eau énormes, à un prix final de revient beaucoup plus économique.

Cette économie s'accroit quand on peut utili-

ser, ainsi que nous le démontrerons, les forces
naturelles qui sont sur les lieux à notre dispo-
tion.

Nous laisserons aux hommes compétens à
examiner dans quelle mesure on peut admettre
d'emblée la possibilité réelle de recueillir les
masses d'eau prévues au projet de M. Belgrand.

On sait, en effet, que cet ingénieur compte
non-seulement sur le débit de la Somme-Soude
et des autres petits affluens de la haute Marne,
mais surtout sur le contingent beaucoup plus
considérable que devrait fournir, selon ses prévisions, le drainage de profondes galeries souterraines pratiquées sous les plateaux crayeux
de la Champagne-Pouilleuse. Ce sont là des
conjectures faites par une supposition ingénieuse, sans doute, mais sans indice précis, et
on peut douter de leur réalisation en l'absence
d'une constatation matérielle que peut seul
fournir le travail final lui-même.

On pourrait, à juste titre, s'étonner qu'un
projet qui ne doit demander ses élémens qu'à
des faits mesurés avec précision, ait pu être
établi et accrédité sur des données aussi hypo-
thétiques.

Quand on a ouvert le canal de l'Ourcq, on
comptait amener à Paris 110,000 mètres cubes
d'eau potable. On s'est trompé : la quantité y
est, mais non la qualité ; l'eau du canal n'est
pas potable.

Dans le projet de la Somme-Soude, ne pourrait-on pas aussi se tromper? Ne pourrait-il pas arriver, si la qualité prévue de ces eaux était réelle, que la quantité espérée fût imaginaire ou du moins fort exagérée?

L'opinion unanime des ingénieurs qui ont discuté publiquement ce projet est que son exécution, dans les termes où elle est prévue, repose sur un ensemble d'élémens doués d'une grande fragilité, et que, la réussite en fût-elle certaine, l'eau ainsi conduite à Paris coûterait au minimum 15 centimes par mètre cube, prix quadruple de celui auquel peuvent la fournir des machines à vapeur fonctionnant sur place, lesquelles peuvent faire ce service au-dessous de 4 centimes par mètre.

Le système des machines élévatoires est éprouvé; c'est à l'aide de ces machines que la population parisienne est aujourd'hui fournie de la seule eau à peu près potable qu'elle consomme, provenant de la Seine, quantité qui est évaluée à 20,000 mètres cubes par jour.

Sans doute on peut critiquer le fonctionnement spécial des machines de Chaillot, qui laisse beaucoup à désirer, mais cette objection ne saurait s'étendre au principe lui-même.

Bon nombre de capitales sont fournies d'eau par des machines élévatoires : c'est par des engins à vapeur que la ville de Londres s'approvisionne d'une quantité d'eau beaucoup plus considérable que celle qui est consommée à Paris. Les dix compagnies qui alimentent les deux millions d'habitans de Londres élèvent, par la force de la vapeur, une quantité de 230;000 mètres cubes d'eau par jour, dont les quatre cinquièmes sont empruntés aux rivières voisines; le cinquième seulement est de l'eau de source.

Il se trouve à Paris des entrepreneurs et des constructeurs éprouvés, présentant toutes les garanties, et capables de livrer à la Ville telle quantité d'eau de Seine qu'elle désirera, aux diverses hauteurs qu'elle indiquera, à, des prix qui n'atteindront guère que le quart du prix des eaux qu'on voudrait emprunter aux sources lointaines, pour la satisfaction de construire un monument à l'antique, lequel ne serait, dans tous les cas, qu'une imitation microscopique du travail des Romains.

II

L'EAU PURE DE SEINE DOIT ÊTRE PRÉFÉRÉE POUR L'ALIMENTATION DE PARIS.

Paris ne saurait avoir trop d'eau. Sous ce rapport, on ne peut qu'applaudir à la recherche de sources nouvelles, qui peuvent accroître son approvisionnement. Mais nous croyons que l'on peut en trouver de beaucoup plus rapprochées, d'aussi bonnes et surtout de plus abondantes que celles de la Champagne. Elles seraient moins élevées sans doute, mais elles le seraient assez pour desservir une distribution au niveau où se fait la grande consommation de Paris.

Pourquoi, en effet, aller chercher de l'eau aussi loin ? Est-ce parce que son altitude lui permet d'arriver sur un point culminant de la capitale ?

Pourquoi amener à grands frais sur un faîte qui ne contient qu'une population restreinte,

une masse énorme d'eau, pour la faire redes-
cendre ensuite en pure perte à des niveaux de
beaucoup inférieurs, où se fait en réalité la
principale consommation ?

Nous pensons donc avec le public que le projet de dérivation de la Somme-Soude repose
sur des données trop absolues d'une part, trop
incertaines de l'autre. Il est à désirer que l'on
se rapproche de méthodes d'alimentation plus
pratiques et surtout moins coûteuses.

L'eau de la Seine est effectivement celle dont
l'usage est adopté et préféré par la population.
M. le préfet lui-même en convient.

« L'eau de la Seine, au pont d'Ivry, dit le
» rapport de ce magistrat, jouit d'une juste cé-
» lébrité. Elle est aujourd'hui au premier rang
» des eaux de Paris, soit pour le consomma-
» teur, soit pour les industriels ; et, en effet, il
» n'en faudrait pas chercher d'autre, si elle
» n'était presque toujours trouble, trop chaude
» ou trop froide, et altérée dans sa qualité
» même par des détritus organiques. »

Or, il est démontré que l'analyse des eaux de
Seine, de l'aveu de M. Belgrand lui-même, ne
présente que *des traces* de matière organique.
C'est donc une simple question de filtrage, ou
tout au moins de *clarification*.

On sait que c'est la Marne qui jaunit fréquem-
ment de ses troubles l'eau de la Seine à Paris.
En amont du confluent de la Marne, l'eau de la
Seine est très peu limoneuse.

La question de filtrage peut être résolue par les méthodes usitées, soit à Londres, soit ailleurs. Mais, préalablement au filtrage, on pourrait établir en amont de la Bosse de Marne des bassins de *clarification* où l'eau arriverait limpide, après s'être infiltrée à travers la masse naturelle dn sol de la plaine, là où ce sol est formé d'un gravier perméable.

Là où cette disposition naturelle du sol n'existerait pas, on ferait infiltrer l'eau à travers une masse de terrain artificiellement formée de gravier. L'eau ainsi clarifiée arriverait dans ces dépôts dégagée de tous les troubles qu'elle tient en suspension. De là, dirigée par divers canaux vers les machines élévatoires, elle serait répartie dans la ville au moyen de bassins situés sur les coteaux voisins des deux rives à différentes hauteurs, pour être ensuite distribuées aux divers niveaux de la ville.

Ainsi se trouverait résolue la question de limpidité de l'eau, qui pourrait en outre être soumise ultérieurement, sinon en totalité, du moins en partie, à des filtres plus parfaits.

Reste donc la question de température, laquelle paraît avoir motivé la recherche de sources lointaines. Espère-t-on que l'eau de ces sources parviendra jusqu'à Paris par une voie de 200 kilomètres, sans s'équilibrer plus ou moins avec la température atmosphérique?

Sous le climat de Paris, la question de fraicheur paraît secondaire. C'est de la qualité et de la quantité surtout que la Ville doit se préoccuper. Etant pourvus de l'une et de l'autre, les consommateurs n'auraient plus qu'à prendre le soin de rafraîchir eux-mêmes, pendant cent jours d'été, l'eau dont ils ont besoin, ainsi qu'ils le font actuellement.

Si, par un luxe qui lui ferait honneur, l'édilité voulait livrer à ses administrés une certaine quantité d'eau filtrée à une température inférieure à quinze degrés, elle n'aurait, dans tous les cas, à opérer que sur une portion très limitée, et cela pendant trois mois seulement.

En admettant que chacun des 1,600,000 habitans puisse boire en moyenne un litre d'eau *fraîche* par jour, ce qui n'est pas, on arrive au chiffre exagéré de 1,600 mètres cubes par jour. Exagérez encore, doublez, triplez, quadruplez cette quantité, vous atteindrez 5,000 mètres cubes par jour.

Or, pour disposer de ce volume exceptionnel de 5,000 mètres cubes d'eau fraîche par jour, pendant trois mois, est-il nécessaire de faire venir de Champagne, c'est-à-dire de 200 kilomètres, une masse de 100,000 mètres cubes d'eau fraîche ? Il y a là, ce nous semble, un calcul vicieux auquel on n'a pas assez réfléchi.

Nous avons dit, ainsi que cela résulte de discussions publiques très approfondies, que l'eau de Seine, élevée par les machines à vapeur, coûterait, rendue aux divers bassins de distribution, moins de 4 centimes par mètre cube, au lieu de 15 centimes au moins que coûterait l'eau de Champagne, par l'aqueduc de dérivation, en tenant compte des capitaux d'établissement et de tous les autres frais. On ne doit donc pas hésiter dès lors à employer de préférence l'eau de la Seine, qui vient s'offrir elle-même aux Parisiens et à laquelle ils sont de tout temps habitués.

Mais si l'eau élevée sur place, à l'aide de machines à vapeur, coûte infiniment moins que l'eau dérivée de sources lointaines, que serait-ce si, au lieu d'employer la vapeur, on pouvait élever l'eau de Seine par la Seine elle-même, au moyen de forces naturelles et gratuites ?

C'est ce que plusieurs fois nous avons déjà indiqué sommairement. C'est ce qu'il importe d'examiner de nouveau, aujourd'hui que l'administration des travaux publics s'est enfin décidée à construire sur la Seine des ouvrages depuis si longtemps réclamés pour perfectionner la navigation. Ces ouvrages peuvent être combinés du même coup, de manière à mettre à la disposition de l'édilité parisienne d'immense forces naturelles capables d'élever des volumes d'eau bien autrement considérables que ceux que l'on voudrait aller chercher au loin et à grands frais pour l'approvisionnement de Paris.

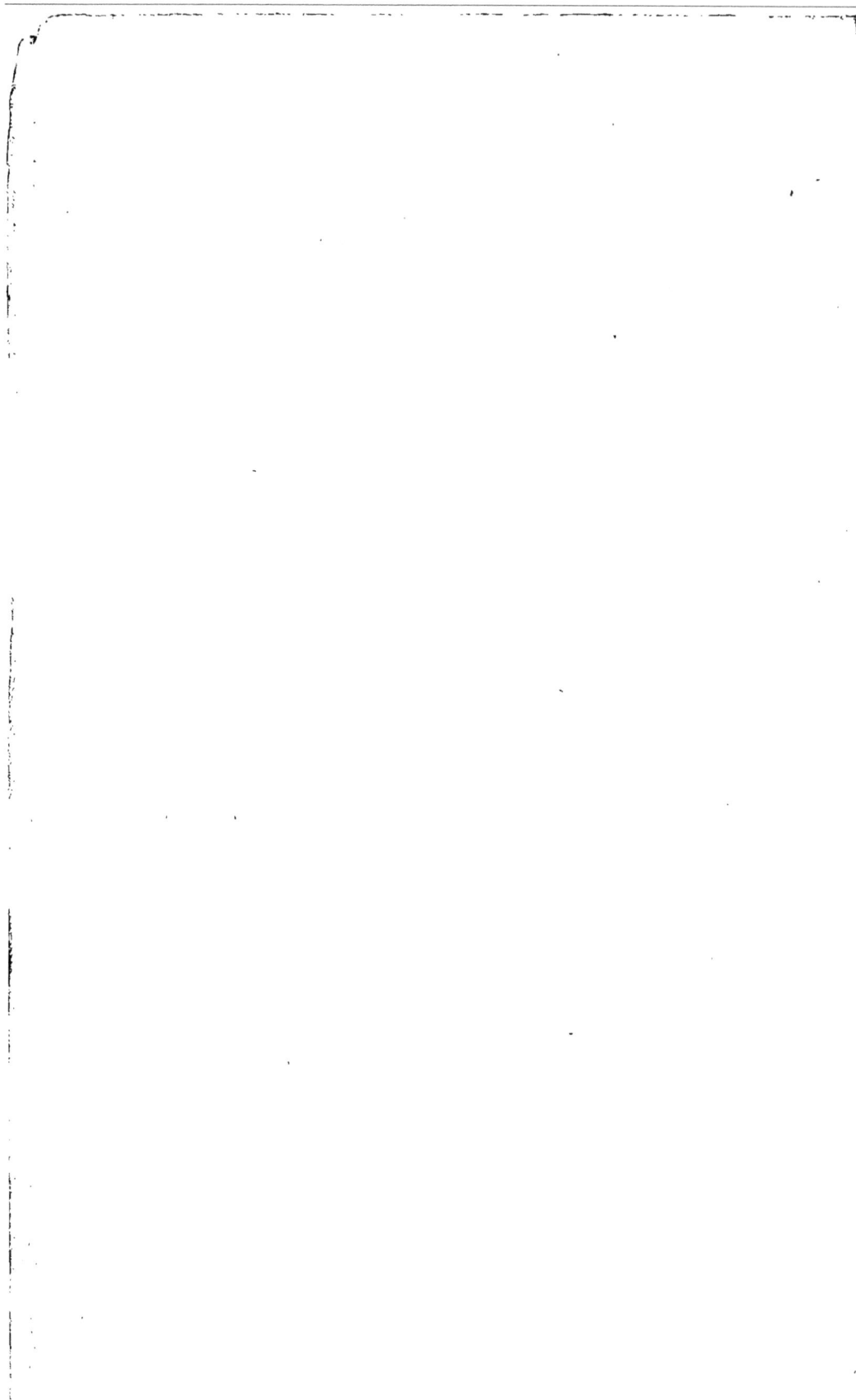

III

L'EAU DE LA SEINE ÉLEVÉE PAR LA SEINE MÊME.
QUESTION A METTRE AU CONCOURS.

Nous avons dit que les travaux projetés et déjà en partie entrepris près de Paris par l'administration des ponts et chaussées, pour la navigabilité de la Seine, pouvaient se combiner avec l'alimentation des eaux de la capitale.

Le barrage que l'on se dispose à construire au Port-à-l'Anglais, en amont de la Bosse de Marne, pourrait être établi à un niveau supérieur au niveau projeté pour l'écluse. On élèverait ainsi sur ce point la surface du fleuve à 3 mètres au-dessus de l'étiage, opération que permet facilement le relief des berges en amont du Port-à-l'Anglais.

Il resterait à préserver les plaines adjacentes des inondations causées par les crues. Il serait facile de remédier à cet inconvénient par une digue ou bourrelet longitudinal qui serait élevé, non directement sur les rives, mais à 300 mètres au moins de chacune d'elles, ce qui laisserait au fleuve un spacieux lit majeur de 7 à 800 mètres de large, sur lequel s'étendraient les crues. Les terres riveraines, ainsi exposées à une submersion qui serait toujours très faible, en raison de son étendue, y gagneraient beaucoup en fertilité.

Un bourrelet de 2 mètres de haut au Port-à-l'Anglais, lequel se réduirait à 1 mètre à Choisy et à zéro à Ablon, suffirait de la sorte à compenser l'insuffisance des berges naturelles.

On créerait ainsi au Port-à-l'Anglais un barrage éclusé de 3 mètres de chute au moins, par lequel se déverserait la masse entière des eaux débitées par le fleuve.

Le débit de la Seine, à l'étiage, étant évalué à 75 mètres cubes d'eau par seconde, la masse totale des eaux du fleuve tombant du déversoir avec une chute de 3 mètres, représenterait, si nous ne nous trompons pas, une force hydraulique constante de 3,000 chevaux-vapeur.

Un deuxième barrage, projeté à Auteuil, en aval de Paris, et déversant l'eau du fleuve d'une hauteur moitié moindre, produirait une force hydraulique de 1,500 chevaux au moins.

Un autre ouvrage, déversant la masse entière de la Marne, produirait également, à raison de 3 mètres de hauteur, une force qui peut s'évaluer aussi à 1,500 chevaux environ.

En sorte que la réunion des forces représentées par ces trois ouvrages, en amont et en aval de Paris, produirait, si notre calcul est exact, l'équivalent de 6,000 chevaux-vapeur.

On estime, et cela résulte de débats publics, que, pour élever, au moyen de machines à vapeur, 100,000 mètres cubes d'eau de Seine par jour sur le coteau de Belleville, point où doit aboutir l'aqueduc projeté de la Somme-Soude, il faudrait un ensemble de machines à vapeur totalisant une force de 1,000 chevaux.

Nous venons de dire qu'il serait possible de créer, au moyen de trois déversoirs situés sur la Seine et sur la Marne, un ensemble de forces. équivalant à 6,000 chevaux. Si l'on convertit *la moitié seulement* de cette force en travail utile, soit 3,000 chevaux, il deviendra dès lors possible, au moyen de divers appareils hydrauliques, d'élever *aux différentes hauteurs exigées pour leur complète distribution*, non pas l'équivalent de 100,000 mètres cubes d'eau demandés à la dérivation de la Somme-Soude, *mais une quantité quatre fois plus considérable, soit* 400,000 *mètres cubes au moins d'eau de Seine pure !*

Le débit de la Seine pendant les plus basses eaux étant de 75 mètres par seconde, ou de 6 millions de mètres cubes par jour, on voit que la prise journalière de 400,000 mètres cubes ainsi élevés représenterait la quinzième partie du débit de la Seine, et la trentième partie des eaux mises en mouvement pour l'élévation, dans les trois barrages indiqués, tant sur la Seine que sur la Marne.

On ne saurait s'arrêter sérieusement à l'objection plusieurs fois invoquée du chômage forcé des machines hydrauliques, par submersion pendant les crues. Quel que soit le système de l'appareil hydraulique adopté, soit des roues verticales, soit des turbines, ces engins ne peuvent-ils pas fonctionner sur des plans variables et mobiles, de manière à correspondre aux oscillations variables elles-mêmes du plan d'eau, et échapper ainsi aux alternatives de chômage par submersion ?

Nous laissons aux ingénieurs le soin de calculer avec précision la valeur des forces que nous leur indiquons. Nous nous bornons ici à signaler le principe et la possibilité d'utiliser les barrages destinés à la navigation, pour la création de moteurs hydrauliques dont nul ne saurait contester la puissance et la facilité d'application.

Une telle proposition mérite de fixer l'attention des hommes compétens, et nous ne doutons pas qu'elle ne soit de leur part l'objet d'études réfléchies.

On recherche le grandiose, les ouvrages des Romains. On croit y atteindre par la dérivation coûteuse, compliquée et insuffisante de l'aqueduc de la Somme-Soude, qui ne réaliserait en fait qu'une faible imitation de la Rome des Césars.

Vous pouvez atteindre le niveau du véritable grandiose en exécutant le plan que nous vous indiquons. Elever sur les cimes de Paris les eaux de la Seine, par le poids de la Seine elle-même, serait une œuvre qui laisserait bien loin derrière elle tous les travaux des Romains.

Pourquoi aller au loin, par de dispendieux travaux, recueillir une eau incertaine, tandis que l'eau nécessaire, dont la qualité est éprouvée, se trouve ici dans la Seine, dans la Seine, qui peut, par son propre poids, élever cette eau jusqu'au sommet le plus haut où la réclament vos besoins ?

On pourrait donc admettre en principe :

1° Que l'on emploiera d'abord les forces hydrauliques de la Seine et de la Marne à élever la plus grande quantité possible d'eau de Seine vers les bassins de distribution ;

2° Que l'on emploiera des machines à vapeur pour élever, par exception et de seconde main, certaines quantités d'eau sur quelques faites où son emploi sera jugé nécessaire ;

3° Enfin, que l'on amènera, si on le veut absolument, par des aqueducs de dérivation, des sources situées dans un rayon peu distant de la capitale, toutes les quantités supplémentaires disponibles pour compléter l'approvisionnement réalisé d'abord par les moyens indiqués ci-dessus.

En un mot, Paris ne saurait jamais avoir trop d'eau, et il est à désirer qu'on en amène dans la grande cité par tous les moyens possibles, en commençant par les moins dispendieux.

Le gouvernement a mis au concours un projet d'étude pour la construction de l'Opéra. Pourquoi l'édilité parisienne n'ouvrirait-elle pas un pareil concours pour un projet d'alimentation et de distribution des eaux dans Paris ? Vingt ingénieurs répondraient à l'envi à cet appel, et, sans aucun doute, il jaillirait de ce concours émulatif un faisceau de lumières capable de fixer l'administration sur une question tant de fois débattue. Elle trouverait ainsi un moyen naturel de résoudre magistralement un problème dont la solution ne saurait être différée plus longtemps.

IV

ÉVITONS LES ERREURS

DES PRÉCÉDENTES ADMINISTRATIONS.

Dans sa lettre du 10 mai, adressée au ministre de l'intérieur, M. le préfet de la Seine
expose les avantages de son plan définitif de
dérivation, qui doit conduire sur les sommets
de Paris les eaux *pures, limpides et fraîches*
de la Dhuis et du Surmelin, deux petits ruisseaux de la Marne. M. le préfet nous apprend
en même temps que ce projet est soumis aux
formalités d'enquête, qui doivent se clore le 25
de ce mois.

Qu'est-ce qu'une enquête? Les enquêtes ont
généralement pour objet d'éclairer le public, en
provoquant à se produire les opinions appro-
batives ou contradictoires.

Des registres sont ouverts, où chacun est libre
de consigner son dire pour appuyer ou contes-

ter le projet, tant dans son principe que dans son application.

Il est difficile d'admettre que chaque habitant de Paris puisse aller déposer un dire motivé sur une pareille question, et en général on s'abstient. On ne peut donc considérer une enquête faite dans ces conditions comme l'expression de l'opinion de toute la population de Paris, à moins que l'abstention ne soit regardée comme approbative, ce qui n'est pas.

C'est par un débat public qu'il importe d'éclairer une question qui affecte aussi profondément les Parisiens, sans compter plusieurs autres millions de Français et d'étrangers que leurs intérêts ou leurs plaisirs appellent constamment dans la capitale. C'est ce débat que nous avons résolûment entrepris de provoquer.

Une administration, quelque éclairée et quelque zélée qu'on la suppose, a-t-elle le droit de substituer, de sa propre autorité, dans le régime hygiénique du public, une substance alimentaire nouvelle à une substance usitée, éprouvée et adoptée par une population depuis des siècles ? A-t-elle bien le droit d'introduire une aussi grave modification dans les conditions sanitaires des habitans, à leurs propres frais, sans leur consentement direct et formel ?

A ces questions que chacun se pose, on ajoute celle-ci : Mais si l'administration, nonobstant des études que nous croyons faites en conscience, allait se tromper ? Si cette eau que l'on 'espère obtenir pure ne réalisait pas les prévisions des ingénieurs ?

· Tous les précédens constatés ne justifient que trop ces craintes. En effet, ce n'est pas d'aujourd'hui seulement que l'on a tenté d'emprunter à des sources, pour l'usage de Paris, *des eaux pures, limpides et fraîches.*

· Depuis longtemps on a recueilli les eaux de Rungis, qui arrivent à Paris par l'aqueduc d'Arcueil. Ces eaux proviennent des pluies qui s'infiltrent à travers le plateau du Long-Boyau, jusqu'à la couche des marnes du gypse, dites marnes vertes, d'où elles s'épanchent en sources, au niveau de cette formation, tout autour de ce grand plateau.

Par suite de leur contact avec ces terrains, les eaux de Rungis sont séléniteuses, d'une digestion difficile, très dures, comme on dit vulgairement, ne dissolvent pas le savon et sont impropres à la cuisson des légumes. On avait cru bien faire en dotant Paris de ces eaux, qui d'ailleurs sont fraîches à raison de la proximité de la source; mais quant aux conditions hygiéniques et ménagères, on s'est évidemment trompé.

Il en est ainsi des eaux des sources de Belleville, qui descendent de formations identiques. On s'est trompé à leur égard, comme on s'est trompé pour les eaux de Rungis.

· Voilà pour les eaux de source. Aussi, après ces expériences, a-t-on cru devoir recourir, pour l'approvisionnement de Paris, à une grande entreprise de dérivation.

Après avoir étudié les eaux des diverses rivières des environs, susceptibles d'être conduites vers Paris, on s'est décidé pour la dérivation de l'Ourcq, petit affluent septentrional de la Marne.

Les expériences n'ont pas manqué sur la qualité des eaux de cette rivière. Nombre d'analyses, faites par les chimistes les plus compétens de l'époque, et que nous regardons encore comme nos maîtres, furent faites et refaites. On ne se contenta pas d'analyser, on expérimenta en grand les effets de cette eau suivant ses diverses destinations.

Qu'arriva-t-il ? La rivière d'Ourcq fut conduite sur les hauteurs de la Villette, où elle débite plus de cent mille mètres cubes d'eau par jour. Eh bien ! arrivée à Paris, il se trouva que cette eau n'avait plus les qualités indiquées par les analyses et les expériences préalables.

Pour expliquer ce grave mécompte, on a démontré que l'eau de cette dérivation s'altère en route par les contingens que fournissent de petits ruisseaux, et par le contact du terrain parcouru. On peut admettre cette explication, car l'eau de l'Ourcq, au-dessus de sa dérivation, est aussi pure que celle des autres affluens de la Marne, tels que le Surmelin, la Bhuis et la Somme-Soude, que l'on se propose de dériver aujourd'hui.

Toujours est-il que, cette fois encore, on s'était trompé, et que l'on a dû redemander à la Seine la seule eau potable (M. le préfet le déclare) que Paris boive aujourd'hui.

On ne s'était pas moins trompé dans les espérances que l'on avait fondées sur la qualité des eaux du puits artésien de Grenelle. Les 900 mètres d'eau qu'il débite chaque jour, provenant de formations profondes, sont dépourvues de l'aération nécessaire pour une bonne hygiène, aération que peuvent seules fournir les grandes rivières.

Constatons que, chaque fois que l'on a voulu recourir pour l'alimentation à d'autres eaux qu'à celles de la Seine, on s'est trompé.

Qui donc oserait garantir aujourd'hui que, dans les espérances qu'elle fonde sur les eaux dérivées de la Dhuis et du Surmelin, l'administration ne se trompera pas encore, comme s'est trompée son ainée, en nous dotant des eaux de l'Ourcq? Cette expérience de l'Ourcq, dont l'eau est toujours *limpide, pure et fraîche*, tant qu'elle coule dans son lit, et qui arrive à la Villette altérée, indigeste et salie, ne se dresse-t-elle pas là pour faire reculer les plus téméraires devant une entreprise analogue, qui nous menace de reproduire les mêmes inconvéniens?

D'ailleurs, pourquoi donc ce parti pris et *persévérant* de faire boire aux Parisiens des eaux qui leur sont inconnues, quand ils sont habitués à leur eau de Seine, qu'ils aiment et dont ils se trouvent bien? On ne demande pas autre chose à l'administration que de la leur servir encore meilleure, en la prenant au pont d'Ivry, au-dessus du confluent de la Marne, et avant son mélange avec les impuretés émanant d'une grande ville.

M. le préfet ne s'est-il pas prononcé lui-même, à cet égard, dans son mémoire sur les eaux?

« L'eau de Seine, au pont d'Ivry, dit ce ma-
» gistrat, *jouit d'une juste célébrité*. Elle est
» aujourd'hui mise au premier rang des eaux
» de Paris, soit par les consommateurs, soit
» par les industriels; et, en effet, il n'en fau-
» drait par chercher d'autre, si elle n'était pas
» toujours trouble, trop chaude ou trop froide
» et altérée dans sa qualité même par des dé-
» tritus organiques. »

Or, veut-on savoir quelle quantité de matière organique contient cette eau? C'est M. Belgrand, ingénieur actuel du service des eaux de Paris, commissionné pour l'examen comparatif de cette eau de Seine avec celle du Sourdon (Champagne), qui se charge de répondre à cette question.

L'analyse de cet ingénieur établit que cette quantité de matière organique est inappréciable en poids, puisqu'elle indique :

Eau de Seine : *traces sensibles.*

Eau du Sourdon : *traces à peine sensibles.*

Or, des *traces* sensibles ou à peine sensibles

ne sont pas des quantités. On peut donc dire que la Seine, au pont d'Ivry, ne contient pas de matières organiques.

Quant à l'état trouble des eaux, nous avons constaté souvent que cet inconvénient est très rare en amont du pont d'Ivry, et nous avons indiqué d'ailleurs des moyens de clarification naturelle dans des bassins creusés dans le sol perméable de la plaine. On sait que c'est la Marne surtout qui jaunit souvent la Seine.

Nous ne cesserons de le répéter, sans craindre d'être démentis : les Parisiens aiment leur eau de Seine, dont la qualité a permis à la population de la grande cité de s'élever jusqu'à 1,700,000 habitans. Ils y tiennent d'autant plus qu'ils savent qu'elle peut leur être distribuée à meilleur marché que toute autre.

Les Parisiens ne s'expliquent pas dans quel intérêt on voudrait dépenser une trentaine de millions pour la première partie du projet de dérivation, somme qui monterait à soixante millions pour le projet complet, et qui très probablement pourrait atteindre cent millions, pour peu qu'il survienne des mécomptes dans les prévisions.

Ils ne s'expliquent pas pourquoi on persiste à vouloir leur fournir de l'eau de source à 8 centimes le mètre, tandis que l'industrie privée se chargerait volontiers et à l'envi, d'approvisionner d'eau de Seine pure les bassins de Paris, au prix de 2 centimes le mètre cube, sans imposer

2.

à la Ville aucune dépense de capital. Nous reviendrons incessamment sur ces calculs, et nous démontrerons que ce prix de revient peut être encore considérablement réduit.

La question des eaux de Paris a pris une telle proportion dans les esprits, qu'il ne serait pas prudent de la résoudre d'autorité sans consulter directement la population autrement que par une stérile enquête.

On a beaucoup dépensé, et on dépensera beaucoup encore dans Paris. Il serait temps peut-être de jeter un regard réfléchi sur le budget de la grande cité, et sur l'opportunité de le ménager dans la question qui nous occupe présentement. Cent millions valent bien la peine d'être économisés. Pourquoi ne pas appliquer à élever les eaux de la Seine nos machines hydrauliques, que les Romains ne connaissaient pas? Pourquoi enfouir dans des travaux d'aqueducs, qui ne sont plus de notre époque, tant de millions qui trouveraient ailleurs un bien plus utile emploi, surtout quand on songe qu'un appel à l'industrie privée pourvoirait à l'approvisionnement des eaux de Paris à bien meilleur marché et sans aucun déboursé pour le trésor municipal?

V

LE PROJET DE LA PRÉFECTURE.

Dans notre dernier article sur le plan d'approvisionnement des eaux de la capitale, nous avons signalé toutes les erreurs commises par les administrations qui se sont succédé depuis cinquante ans, pour l'approvisionnement des eaux, et fait entrevoir, dans la réalisation du projet préfectoral de la Somme-Soude, la possibilité d'une seconde édition du canal de l'Ourcq.

Pour éclairer la question, nous avons réclamé un débat public, véritable enquête où peut se faire jour la libre et réelle expression du sentiment général.

A l'exemple de la *Patrie*, une explosion unanime a éclaté dans toute la presse contre le projet préfectoral. Les manifestations qui se produisent varient selon les divers points de vue de la question ; mais toutes s'accordent pour repousser le principe de l'approvisionnement de Paris au moyen des eaux de source. Toutes réclament la distribution de l'eau de Seine prise au pont d'Ivry, au-dessus du confluent de la Marne.

Cette résistance unanime, cette répugnance instinctive à consommer des eaux de source, la crainte qu'éprouve surtout la population féminine d'être envahie par des *affections goitreuses*, qui, comme on le sait, se développent rapidement par l'usage de ces eaux ; l'attachement séculaire, on pourrait même dire le culte que le peuple de Paris professe pour l'eau de la Seine, lorsqu'on la lui distribue pure : tous ces motifs auront-ils le pouvoir de faire réfléchir l'administration ? Nous devons l'espérer.

Non-seulement Paris ne veut pas qu'on lui amène des eaux de la Champagne ; mais la Champagne elle-même refuse qu'on lui enlève, par une dérivation, l'eau qui alimente son agriculture, ses usines, ses populations rurales. Les protestations locales sont formelles contre la violation qui serait ainsi faite d'un droit d'usage imprescriptible et sacré.

A toutes ces manifestations, l'autorité municipale n'a pas répondu jusqu'à ce moment. Elle a, envers et contre tous, fait poursuivre le jalonnement du tracé de ses aqueducs ; on cite même des propriétés, que nous pourrions nommer, où les agens de la préfecture, pour exécuter des brisées d'alignement, ont abattu d'autorité et *sans en informer même les propriétaires,* des files entières de beaux bois.

Le sans-gêne de ces procédés, qui ne sont plus dans nos mœurs, a eu pour résultat de soulever une légitime désapprobation.

En effet, dépouiller les populations rurales de l'usage immémorial de leurs eaux ; dépenser des sommes énormes pour les conduire dans la capitale ; condamner deux millions d'habitans, malgré leurs répugnances à boire des eaux crues, à peine aérées, tandis qu'ils préfèrent l'eau de Seine qui se trouve dans d'excellentes conditions ; appliquer en grand sans nécessité dans les départemens *ce système des expropriations, si largement pratiqué à Paris :* tel est le résultat du projet préfectoral, qui a le triste privilége de ne satisfaire personne et de mécontenter à peu près tout le monde.

Toutefois, le silence de l'administration, en présence des résistances qui s'élèvent de toutes parts, continue d'inquiéter les populations. Ce silence impliquerait-il le dédain de l'opposition publique et l'intention de passer outre? Nous ne saurions le croire.

Indiquerait-il, au contraire, que l'autorité, éclairée maintenant sur l'état des esprits, serait enfin disposée à renoncer à son projet de dérivation des sources, en sacrifiant l'amour-propre de quelques fonctionnaires, seul engagé dans la question? Il y aurait sagesse à agir ainsi, aurait imprudence à faire autrement, et le public accueillerait cette résolution avec une véritable reconnaissance.

Revenons donc à la grande question de l'approvisionnement de Paris par les eaux de la Seine. Nous avons déjà plusieurs fois exprimé le désir que l'étude de ce projet, au lieu d'être confiée à l'appréciation officielle d'un seul ingénieur, fût soumise au concours public.

Le *concours public*, en effet, peut seul fournir à l'autorité la dernière expression des efforts de la science et de l'industrie. Ce système, n'en doutons pas, eût produit les plus heureux résultats pour la construction de l'Opéra, si on avait accordé aux concurrens un délai suffisant pour l'étude d'un projet sérieux.

Après le concours public, viendra la question du prix de revient de l'approvisionnement des eaux. Ici encore, avons-nous dit, il faudra faire appel à la libre concurrence, et la Ville aura tout intérêt à traiter avec des compagnies qui élèveront les eaux pures de la Seine dans ses bassins de distribution, à meilleur marché qu'elle ne pourrait le faire elle-même.

En résumé :

1° *Concours public*, pour l'ensemble du projet ;

2° *Concurrence*, pour l'approvisionnement des eaux.

Tels sont les deux puissans leviers, émanant d'un seul et même principe, que nous nous efforcerons toujours de faire prévaloir dans les grands travaux qui réclament à la fois l'intervention de la science et celle du génie industriel.

A ces deux conditions, mais à ces conditions seulement, on aura de très bonne eau et on l'aura à bon marché.

———

VI

ÉLÉVATION DE L'EAU DE LA SEINE PAR LA SEINE.

A mesure que le projet municipal pour l'alimentation de Paris par les eaux de source de la Somme-Soude et du Surmelin perd du terrain dans l'opinion publique, on se préoccupe plus vivement que jamais d'un système d'approvisionnement général des eaux. On sait qu'en vue d'obtenir à très bon marché la plus grande somme possible de lumière sur la question, nous en avons proposé la mise au concours. Ce projet, qui intéresse une population de deux millions d'individus, mérite, bien plus encore que celui de l'Opéra, d'être soumis à l'investigation des ingénieurs et des entrepreneurs.

Ce n'est pas seulement de nos jours que de vives réclamations se sont élevées contre l'impureté des eaux distribuées dans la capitale.

Dès 1785, une polémique très vive s'était

élevée entre le célèbre Mirabeau, devenu plus tard le grand orateur de 1789, et de M. de Beaumarchais, qui s'était fait l'avocat de la Compagnie Perrier frères, alors concessionnaire des eaux de Paris, et qui venait d'établir pour ce service les deux pompes à feu de Chaillot et du Gros-Caillou.

Dans une curieuse brochure publiée à Bruxelles en 1785 par Mirabeau, et que nous avons sous les yeux, le futur tribun de la Révolution accusait déjà ouvertement la Compagnie concessionnaire d'empoisonner les Parisiens par la distribution d'une eau impure. Il reprochait avec raison à cette Compagnie d'avoir placé ses prises d'eau au-dessous des égouts de la ville.

MM. Perrier frères essayaient de se disculper, par la plume de Beaumarchais, en publiant des *analyses* plus ou moins officielles *dont personne n'était dupe.*

Mirabeau repoussait la faiblesse de ces justifications par des argumens qui ne seraient peut-être pas sans analogie avec ceux que peut fournir la situation actuelle.

Maintenant, s'écriait avec véhémence l'illustre écrivain, je dirai que tous les certificats du monde ne me persuaderont pas qu'une eau dans laquelle se versent toutes les impuretés d'une ville immense, soit plus saine que celle où il ne s'en verse point, et que le volume d'eau diminuant, tandis que celui des immondices reste le même, cette eau soit néanmoins toujours également saine. Personne n'ignore, et je donne en mon nom le démenti dû au charlatanisme, à la jonglerie et à l'impudence, à quiconque niera que l'eau de la pompe de Chaillot, puisée lorsque les eaux SONT TRÈS BASSES, ne soit sans comparaison plus vite corrompue que celle puisée ailleurs; et quelle peut en être la cause, si ce n'est la présence d'une plus grande quantité de matières effervescentes ?

Les plaintes dont Mirabeau s'était fait l'écho continuèrent jusqu'à la fin du dernier siècle. On réclamait constamment des eaux plus pures.

Les plans de dérivation des eaux de source, et même des grandes rivières affluèrent de toutes parts. On projeta de dériver vers Paris les eaux de l'Yvette, du Morin, de la Haute-Marne, de l'Eure, voire même celles de la Loire.

Le gouvernement du premier consul donna la préférence à la petite rivière d'Ourcq, qui fut dérivée vers la Villette par le célèbre ingénieur Girard. On sait l'insuccès de cette opération, au point de vue de la pureté des eaux. On sait qu'elles partent pures à l'origine et qu'elles arrivent impures à Paris. On dut donc revenir, après cette coûteuse leçon, à l'usage de l'eau de Seine, prise à Chaillot, malgré l'altération qu'elle subit, surtout pendant l'été, dans la traversée de la ville.

L'administration actuelle, il faut lui rendre cette justice, a fait de grands efforts pour améliorer ce régime. Elle a supprimé le grand égout collecteur de la Concorde, qui infectait les eaux de Chaillot. Elle a remplacé la pompe du Gros-Caillou par une machine située en amont du pont d'Austerlitz. Enfin elle vient tout récemment, pour répondre au vœu de la population de Montmartre, de prolonger vers la rive gauche de la Seine la prise d'eau de Saint-Ouen, qui était corrompue par l'égout d'Asnières.

Toutes ces améliorations ne sont que des palliatifs. « Les Parisiens, dit M. le préfet, boivent cela *faute de mieux.* »

C'était pour remédier à cette fâcheuse situation que l'édilité parisienne, par un retour aux projets de dérivation du dernier siècle, si infructueusement expérimentés par le canal de l'Ourcq, avait projeté la fameuse dérivation des eaux de source de la Somme-Soude.

On sait la défaveur manifeste avec laquelle la population de Paris a accueilli ce projet, et tout indique maintenant que l'administration est sur le point d'y renoncer pour revenir à l'eau de Seine.

Rentrer dans cette voie serait agir conformément au vœu de tous les habitans de Paris, qui ne veulent pas consommer d'autre eau que l'eau de Seine, mais qui réclament instamment qu'on la leur distribue plus pure en reportant les prises d'eau au-dessus de la ville.

Cette persistance inébranlable de la population parisienne à préférer l'eau de la Seine aux eaux de source, nous porte naturellement à revenir sur la proposition introduite par la *Patrie* d'élever les eaux de la Seine *par la Seine elle-même*, projet d'une exécution facile et surtout peu coûteuse.

L'expérience, que l'instinct général préférera

toujours aux théories hasardées, n'est-elle pas là pour confirmer la convenance de notre proposition ? L'idée d'élever l'eau de Seine par la Seine elle-même n'est assurément pas nouvelle ; elle nous a été inspirée par les traditions séculaires du peuple parisien, et par ce qui se pratique pour l'approvisionnement d'autres villes, notamment à Philadelphie.

Qui n'a vu, tout récemment encore, avant la restauration du pont Notre-Dame, le petit appareil hydraulique qui élevait l'eau du fleuve au moyen du faible rapide créé artificiellement sous une arche de ce pont ?

Le peuple de Paris, qui voyait fonctionner sous ses yeux ce modeste appareil, en comprenait parfaitement le mécanisme.

De la même manière, tout le monde comprend que tout ce qui se faisait en petit au pont Notre-Dame peut s'effectuer en grand au-dessus du pont d'Ivry.

Une circonstance décisive se présente pour la réalisation en grand de ce système ; c'est le barrage que l'administration des ponts et chaussées fait exécuter au Port-à-l'Anglais. Il suffirait de surélever ce barrage à un niveau supérieur au niveau projeté pour l'écluse, pour obtenir un puissant déversoir de 3 mètres.

La Seine entière retombant de tout son poids de 3 mètres de hauteur ! Quelle chute puissante pour mettre en mouvement des usines hydrauliques capables d'élever bien au delà de l'approvisionnement des eaux nécessaires à tout Paris!

Nous avons évalué déjà cette force à 3,000 chevaux-vapeur; celle qui serait fournie par le barrage de la Marne à 1,500 chevaux; ensemble, 4,500 chevaux.

C'est six fois plus qu'il n'en faut pour élever gratuitement cent mille mètres cubes d'eau de Seine par jour, sur les coteaux d'Ivry et de Charenton.

Un grand nombre d'ingénieurs, dont l'expérience ne saurait être mise en doute, ont démontré plusieurs fois que l'eau de la Seine, élevée au pont d'Ivry par des machines à vapeur, ne coûterait pas à la ville, rendue à différens niveaux, dans les réservoirs de distribution, plus de *trois centimes* par mètre cube.

En utilisant les forces naturelles et gratuites du fleuve, des Compagnies privées élèveraient des quantités énormes d'eau de Seine pure, à un prix de revient qui n'atteindrait pas *deux centimes* par mètre cube, au lieu de dix centimes, douze centimes peut-être, que coûterait l'eau de source de la Somme-Soude et du Surmelin.

Il y a là de quoi faire réfléchir l'administration municipale de Paris. En confiant l'approvisionnement des eaux à la libre concurrence de l'industrie privée, *elle économisera plus de deux millions par an* au trésor de la Ville; elle épargnera surtout la dépense d'un capital de

soixante millions au moins prévu pour la dérivation des sources.

Aussi, doit-on espérer que la question de
l'approvisionnement des eaux sera prochainement mise au concours. Cette solution est en-
trevue aujourd'hui comme la seule qui puisse à
la fois satisfaire l'opinion publique et mettre à
l'aise la responsabilité de l'administration.

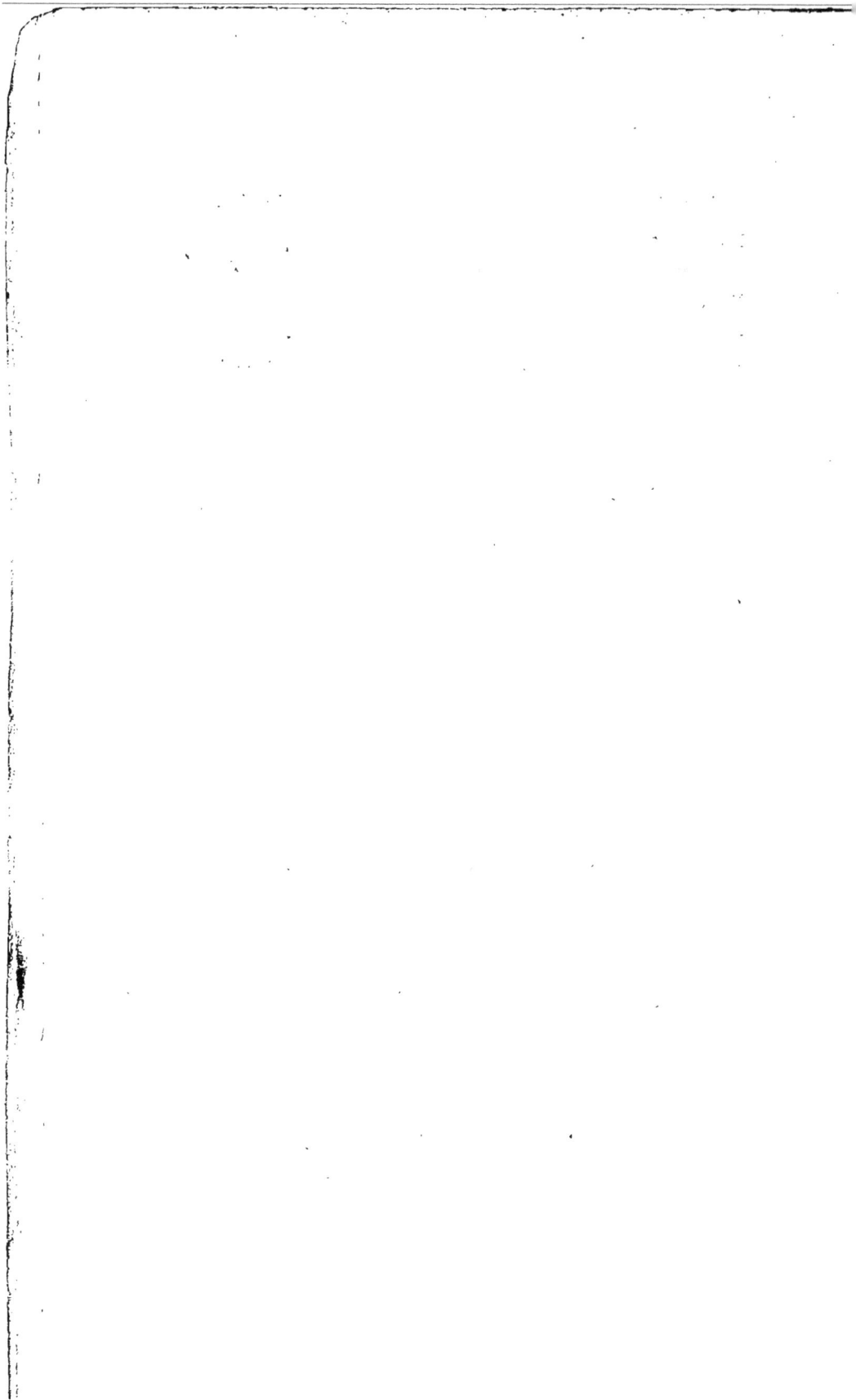

VII

L'eau naturelle, soit qu'elle s'épanche par des sources, soit qu'on la puise dans le lit des rivières, est le patrimoine séculaire des populations qui se sont développées sous le régime de son usage bienfaisant.

La qualité de l'eau importe tout autant que celle du pain. Aussi, toute mesure ayant pour but d'apporter un changement radical dans le régime des eaux d'une cité ne saurait-elle être introduite avec trop de circonspection.

Nous avons signalé plusieurs fois la répugnance qu'ont inspirée au peuple de Paris les projets dont le but est de supprimer l'usage de l'eau de Seine, à laquelle sont habitués les Parisiens, pour la remplacer par des eaux de source dérivées de la Champagne.

3

D'un autre côté, si on persiste à réclamer le maintien de l'usage de l'eau de Seine, on demande qu'il soit mis fin au régime de malpropreté qui a jusqu'à présent présidé à la distribution de ces eaux.

Les manifestations nombreuses qui nous sont parvenues expriment un seul et même vœu : *L'eau de Seine ! mais l'eau de Seine pure ! l'eau de Seine prise avant son entrée dans la ville !*

La Champagne, de son côté, proteste contre la dérivation vers Paris des eaux nécessaires à son agriculture.

Le comice agricole de Châlons s'est ému à l'idée d'une dérivation dont le résultat serait de stériliser une contrée qui n'est déjà, comme on le sait, que trop dépourvue d'eau.

L'honorable M. Ponsard, président de ce comice, s'est écrié avec une vivacité, trop grande peut-être, mais excusable, si l'on considère les intérêts mis en cause : « *Il faut mettre au jour tout le machiavélisme de cette affaire ! C'est l'œuvre de spoliation qui commence ! Dans deux ou trois ans tout sera fini, et l'eau, ce présent divin, aura cessé de couler dans les lits desséchés de la Somme et de la Soude !* »

Après avoir entendu les explications de MM. Ponsard, Boulard, Pouillot et J. Gœrg, sur l'avis d'une commission composée de MM. le baron de Pinteville, Gœrg, le baron de la Tullaye, le comte de Riocour, Hilaire Varenne, Denizot et de Sallangre, le comice agricole de Châlons a formulé, à l'unanimité, la protestation suivante :

Le comice agricole de l'arrondissement de Châlons, réuni en assemblée générale, en la salle de ses délibérations :

Vu le projet des travaux de recherches à exécuter par la ville de Paris dans les contrées de la Somme et de la Soude;

Vu l'enquête ouverte à ce sujet ;

Considérant que les faibles rivières qui coulent dans ces contrées sont indispensables à leur existence agricole;

Que les travaux de recherches projetés par la ville de Paris, en admettant qu'ils n'absorbent pas toutes les eaux de ces rivières, auraient toujours pour effet de dessécher des contrées déjà trop sèches par la nature de leur sol et de les stériliser peu à peu ;

Que d'ailleurs, dans les conditions où se trouve la Ville de Paris à l'égard des communes de la Somme et de la Soude, alors que ces dernières communes sont complétement distinctes et séparées de Paris par une distance de quarante lieues, IL N'EXISTE AUCUNE LOI QUI PUISSE DONNER A LA COMMUNE DE PARIS LE DROIT D'EXPROPRIER A SON PROFIT DES TERRAINS SITUÉS SUR LESDITES COMMUNES DE LA SOMME ET DE LA SOUDE.

Par ces motifs, proteste de toutes ses forces, au nom des intérêts des contrées agricoles menacées, au nom du droit, contre toute tentative d'expropriation.

Devant les répugnances de la population de Paris, devant les énergiques protestations des usagers de la Champagne, qui contestent à la préfecture de la Seine le droit de s'emparer de leurs eaux, que peut faire, que doit faire l'administration municipale? Doit-elle restreindre son projet colossal à des proportions plus modestes, comme elle paraît en avoir eu l'idée en se bornant, pour le moment, à la dérivation de la Dhuis?

Nous persistons à croire qu'elle doit renoncer, sans restriction, à un projet qui, nous le répétons, aurait le triste privilége de mécontenter les populations locales qui seraient privées de leurs eaux, sans utilité pour la ville de Paris.

VIII

Au centre d'un pays très civilisé, non loin d'une capitale sans égale dans l'univers par le génie de ses habitans, il existe une ville de 40,000 âmes, située sur un plateau deux fois plus élevé que Montmartre.

Cette ville est alimentée par l'eau d'un beau fleuve qui lance *à cent soixante mètres de hauteur*, à l'aide d'un puissant appareil hydraulique, mû par la seule force du courant, 7,000 mètres cubes d'eau par jour.

Cette capitale médiocrement pourvue d'eau, c'est Paris! Cette ville située sur un plateau aride et si richement dotée d'eau de rivière, c'est Versailles! Cet appareil, que sa puissante simplicité place au rang des chefs-d'œuvre de l'industrie humaine, c'est la machine de Marly.

Non plus cette vieille machine de Marly élevée à la fin du dix-septième siècle par le génie du charpentier Rennequin, et dont le faible produit en travail utile contrastait néanmoins avec le développement colossal de sa structure et son fracas assourdissant : cet appareil a disparu.

Mais nous voulons parler de la machine nouvelle, construite selon le dernier état du progrès de l'art hydraulique, sur les plans et par les soins de M. Dufrayer, l'habile ingénieur des eaux de la Couronne, actuellement chargé de la direction des pompes de Marly.

Cette machine fonctionne depuis deux ans avec une admirable précision. Elle approvisionne la ville de Versailles, qui, pour la première fois, a vu jouer dans les fontaines de son parc les eaux de la Seine élevées par la Seine elle-même.

Ainsi la machine exclusivement hydraulique de Marly, par la seule force du courant fluvial, lance D'UN SEUL JET, à une hauteur de *cent soixante mètres*, une masse de 7,000 mètres cubes d'eau de Seine par jour, pour alimenter avec profusion les besoins et le luxe de la ville de Versailles, de Saint-Cloud, et les environs !

Et en présence de ce résultat, que chacun peut vérifier, on hésiterait encore à doter Paris d'un appareil *hydraulique* mû par les forces de la Seine, pour élever sur les cimes de la capitale, trois fois moins hautes que le plateau de

Versailles, des masses énormes d'eau de Seine,
pure, clarifiée, rafraîchie, lesquelles pourraient
être distribuées presque gratuitement à la population!

Nous disons presque gratuitement, et nous
nous réservons de le prouver par l'indiscutable
éloquence des faits accomplis. Nous démontrerons par les prix de revient existans que la machine de Marly élève l'eau de Seine pour la ville
de Versailles *à un prix inférieur à un centime par mètre cube*, et que ce prix de revient,
à raison de la hauteur quatre fois moindre à
laquelle il convient d'élever l'eau de Seine pour
l'approvisionnement de Paris, n'atteindra pas
UN QUART DE CENTIME AU PLUS PAR MÈTRE CUBE,
c'est-à-dire CINQUANTE FOIS MOINS CHER que le
prix prévu pour l'eau des aqueducs de la Champagne!

Un quart de centime par mètre cube! c'est la
gratuité. Or, comme les Parisiens ont le moyen
de payer l'eau qu'ils consomment, on concevra
que la Ville puisse obtenir d'une distribution,
faite à un prix néanmoins très modéré, un revenu annuel de plusieurs millions.

Pour que l'édification du public soit complète,
nous nous livrerons à la démonstration minutieuse de ce fait, qui intéresse non-seulement
Paris, mais presque toutes les villes du monde,
dont les habitans ont besoin d'eaux abondantes
et à bas prix.

Au point où est parvenue la question des

eaux de Paris, en présence des proportions qu'elle a prises et de l'intérêt immense que ses habitans attachent à sa solution, notre devoir est de l'épuiser complétement. En agissant ainsi, nous le repétons, nous sommes entièrement convaincu que le sujet doit franchir les limites d'une question locale et intéresser les populations de toute la France et de toutes les villes de l'étranger.

Les expériences réalisées à Marly sont tellement grandioses, tellement heureuses, tellement décisives, qu'il nous paraît impossible désormais que les esprits les plus réfractaires ne soient pas convertis aux avantages du système d'*élévation de l'eau des fleuves par les fleuves* pour l'approvisionnement des villes.

Pour suivre l'ordre logique du sujet et écarter une fois pour toutes cette question des eaux de source, contre l'usage desquelles s'élèvent les prescriptions de la médecine et d'une saine hygiène, nous traiterons dans notre prochain article, de la prise d'eau en elle-même et des bassins de clarification.

Ensuite nous décrirons les appareils élévatoires de l'*eau de Seine par la Seine*, et nous préciserons les chiffres du prix de revient, établis d'après les calculs des ingénieurs, en appuyant ces calculs sur les faits expérimentés et faciles à vérifier chaque jour à la machine de Marly.

On sait qu'il existe une commission chargée

de donner son avis sur le projet de la dérivation de la Dhuis. Nous ne saurions trop engager messieurs les membres de cette commission à vouloir bien vérifier sur place, par eux-mêmes, les résultats obtenus par la machine de Marly. Nous recommanderons le même examen à toutes les personnes qui s'intéressent, à un titre quelconque, à l'affaire des eaux.

Pour résumer notre pensée, nous dirons que la solution de cette question des eaux de Paris est à Marly.

———

3.

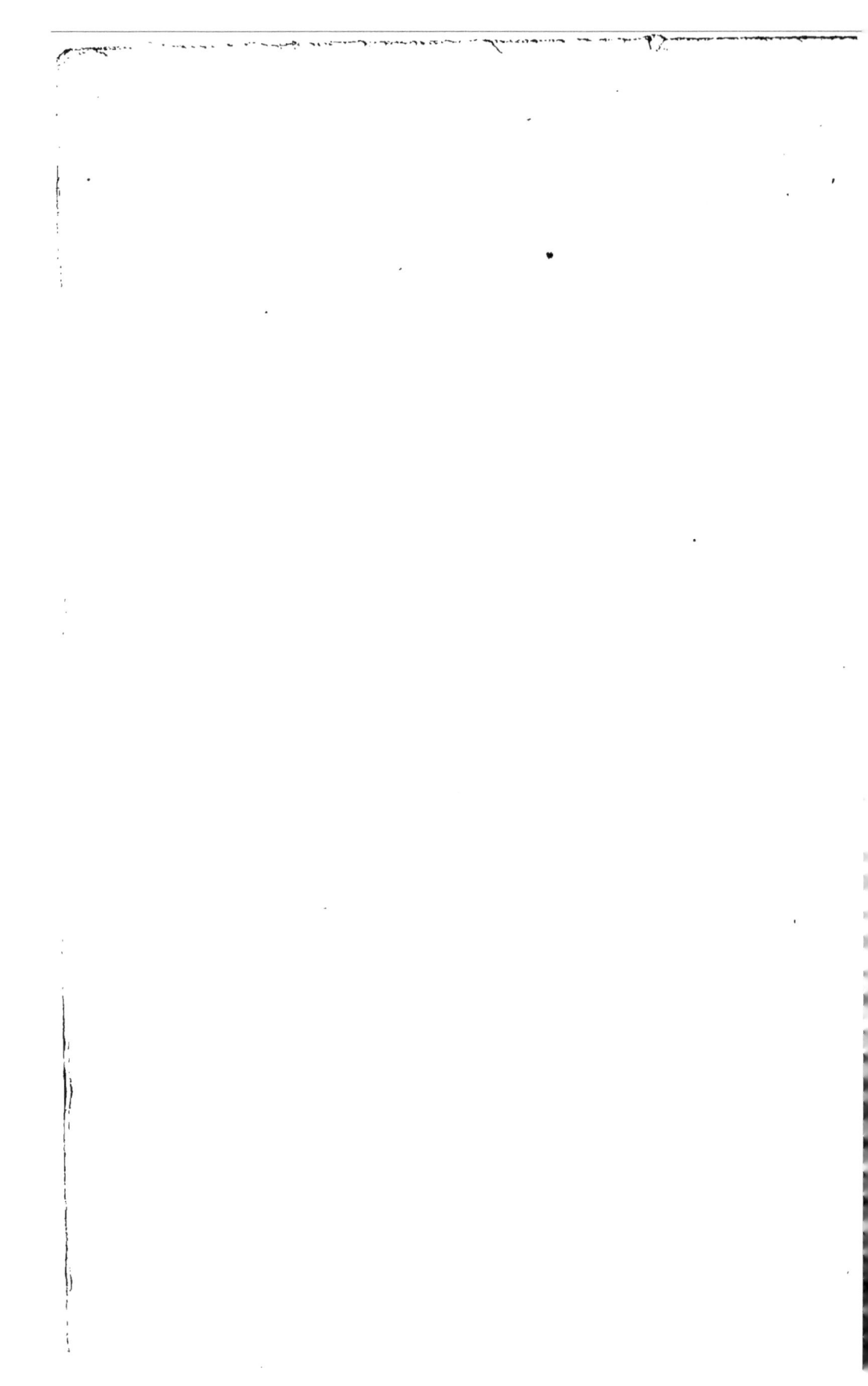

IX

Nous recevons de M. le docteur Déclat la lettre suivante sur le rôle que jouent les eaux dans l'organisme humain.

Nous recommandons à l'attention de nos lecteurs ce document d'une haute portée. Il contient la confirmation scientifique de toutes les répugnances de la population de Paris pour l'usage de l'eau de source.

INFLUENCE DES EAUX SUR L'ÉCONOMIE HUMAINE.

L'eau est après l'air l'élément le plus indispensable à la vie. Elle fait partie intégrante de nos organes et de nos tissus; l'eau charrie et délaie les parties solides du sang. Le sang, chez l'homme, contient 77,9 0/0 d'eau. (BECQUEREL et RODIEZ.)

L'exhalation, l'expiration, la sueur diminuent les proportions d'eau de l'économie et détruisent l'équilibre nécessaire à la santé; mais les veines puisent immédiatement dans l'estomac de l'eau nouvelle, pour remplacer la quantité qui s'est évaporée; de là la soif, plus impérieuse encore que la faim.

« Les tissus animaux comme les tissus végé-
» taux, sont détruits par la dessiccation. L'eau
» est à vrai dire l'agent universel employé par
» la nature pour faire pénétrer dans l'organisme
» vivant les principes nécessaires à ses déve-
» loppemens et à sa conservation, comme aussi
» à en exclure tous ceux qui seraient nuisibles
» par eux-mêmes, ou qui résultant des fonctions
» vitales doivent être expulsés de l'économie. »
(*Annuaire des eaux de la France*, 1851, 1854.)

L'homme à l'état de santé doit boire environ un litre d'eau à la température moyenne de 10 à 15°.

L'eau une fois ingérée, passe *directement* dans la masse liquide de l'organisme. Elle traverse les parois de l'estomac et est absorbée par les veines, qui la mêlent au sang et la transportent dans toute l'économie.

Voilà pourquoi la nature des eaux a une si grande influence sur la santé et sur la vie. Heureusement il existe des déversoirs (les reins) qui entraînent l'eau en excès et les sels nuisibles qu'elle contient, pourvu qu'ils ne soient pas dans une proportion plus grande que 1/1000. (BOUCHARDAT.)

Pour que l'eau soit facilement absorbée, il faut qu'elle soit bien aérée. Tous les médecins et les chimistes sont d'accord sur ce point; l'air d'une eau potable doit contenir de 30 à 32/100 d'oxygène. (DE HUMBOLDT.)

« Les matières organiques ne sont pas nuisibles si elles se trouvent dans l'eau en faible quantité et non altérées; mais si, au contraire, leur proportion est élevée ou si elles ont éprouvé un commencement de fermentation, l'eau doit être considérée comme insalubre. Des quantités, même inappréciables, de substances organiques putréfiées et de produits gazeux provenant de leur décomposition rendent les eaux très dangereuses. Tant que la température se maintient au-dessous de 15 à 20° centigrades, les matières végétales et animales contenues dans les eaux n'éprouvent aucune altération; celles-ci présentent même tous les caractères des eaux de bonne qualité; mais dès que la chaleur augmente et que *l'eau est renfermée au soleil dans les réservoirs*, la fermentation putride produit des principes gazeux, lesquels, en pénétrant dans l'économie, donnent naissance à la diarrhée. » (POGGIALE.—*Rapport fait au ministre de la guerre sur sa demande.*)

Il est donc facile d'expliquer l'action des eaux de Paris sur les étrangers, puisque ces eaux sont conservées dans des réservoirs découverts

et reçoivent de toutes parts des principes organiques qui s'y développent et y fermentent en
toute liberté.

J'ai dit que l'eau, une fois ingérée, traversait
l'estomac et pénétrait dans les veines avec les
gaz et avec les sels qu'elle contient.

J'ai dit aussi que les reins étaient chargés de
chasser de l'économie les sels qui ne peuvent
être assimilés au sang et qui nuiraient à sa
composition ; il est donc tout naturel de dire un
mot des sels qui se trouvent dans les sources et
dans les rivières,et qui, selon leur qualité bien-
faisante ou nuisible, rendent l'eau bonne ou insalubre.

L'eau provient de la fonte des neiges ou de la
pluie ; l'eau pluviale est absorbée par la couche
perméable des terrains supérieurs ou *de transition* (1). Là, elle pousse et fait marcher devant

---

(1) Dans l'origine, on n'avait admis que deux grands
groupes de terrains, correspondant aux deux modes
de formation dont les différences sont les plus tran-
chées. Le premier, qui était censé avoir formé la première couche du globe, était désigné par le nom de
terrain primitif; l'autre, correspondant aux terrains
de sédiment et supposé formé après que le globe avait
été peuplé d'animaux, était désigné sous le nom de
terrain secondaire. Mais plus tard, des différences importantes qu'on a observées aux deux extrémités de
ces deux groupes les ont fait sous-diviser en trois :
terrains de transition, terrains secondaires et *terrains
tertiaires.* — (DUFRENOY et ELIE DE BEAUMONT. *Intro-
duction à l'Explication de la Carte géologique de
France.*)

elle, par l'effet même de la pression, des eaux déjà infiltrées qui prennent alors une direction ho-
rizontale et forment les rivières et nappes souterraines.

Ces rivières, comprimées de toute part, se
frayent des voies entre les fissures des terrains
impénétrables et créent les sources chaudes et
froides; froides dans les circonstances ordinaires, chaudes quand elles viennent des couches
centrales de la terre ou qu'elles ont provoqué
sur leur passage des réactions chimiques (eaux
thermales, Vichy, Pyrénées, etc.).

Ce travail souterrain influe sur leur composition; en traversant la terre, elles perdent l'air qu'elles contenaient pour se charger
de carbonates terreux et d'acide carbonique. La
présence de cet acide, ainsi que la pression
souterraine, augmentant la propriété dissolvante
des eaux, celles-ci reviennent à l'état de source
toujours chargées d'un grand nombre de sels :
carbonates, sulfates, chlorure, silice, magnésie, etc., etc.

A la surface de la terre, la pression cesse,
une partie de l'acide carbonique et des sels
s'évapore ou se dépose, et c'est peu à peu
dans leur trajet, sous forme de ruisseaux, de
rivières ou de fleuves, qu'elles absorbent de
l'air et qu'elles perdent leur propriété séléni-
teuse.

On a remarqué que dans tous les pays où se
rencontre le goître d'une manière endémique,

les habitans boivent des eaux de source ou des eaux provenant de la fonte des neiges.

Les uns ont attribué l'endémie du goître à l'absence d'iode (CHATAIN) (1), les autres à la présence des sels de magnésie (VAUQUELIN), *tous au manque d'aération.*

Il est donc constant que des eaux provenant de sources souterraines sont insalubres, et que ces mêmes eaux, après un certain trajet, deviennent potables et salubres, puisque la zone du crétinisme est généralement assez limitée (2).

Ainsi, toutes les données de la science et les règles d'une saine hygiène proscrivent l'usage d'une eau prise à sa naissance.

Nous croyons également pouvoir affirmer que l'eau perd par son frottement une partie de l'air qu'elle renferme, et qu'un trajet de plusieurs kilomètres dans des tubes souterrains peut lui enlever une partie du gaz qu'elle contient.

---

(1) Cette opinion est partagée par d'autres savans. « M. Levallois a cherché en vain dans le sol, à Dieuze, l'iode et le brôme; et peut-être l'existence des goîtres qui affligent quelques points de la vallée de la Scille, suffirait-elle pour faire présumer l'absence du premier de ces corps. » (DUFRENOY et ELIE DE BEAUMONT.)

(2) Un fait remarquable attestera la vérité de nos assertions. Le Rhône à Lyon, l'Isère à Grenoble, fournissent aux fontaines une eau excellente, salubre par excellence, tandis que la même eau bue près des sources engendre les goîtres les plus abondans de la population européenne. » — (PARISEL. *Moniteur des sciences.*)

« Dans toutes les distributions d'eaux publiques exécutées jusqu'à ce jour, toutes les fois qu'on a voulu dériver les sources elles-mêmes à l'aide de tuyaux de fonte, elles ont déposé des incrustations qui ont toujours été en augmentant jusqu'à l'oblitération complète des canaux. Les sources des montagnes exclusivement calcaires de la Champagne sont naturellement très calcaires elles-mêmes. Les sels de chaux y sont tenus en dissolution à l'aide d'un acide carbonique. Dans l'agitation plus ou moins grande du parcours et de la circulation, cet excès gazeux se dégage et le dépôt calcaire commence. La fonte des tuyaux semble favoriser, solliciter ce dépôt. L'analyse chimique accuse ordinairement la présence d'un carbonate mixte de chaux et de fer.

» Les exemples de faits semblables sont nombreux et à la connaissance de tout le monde : nous ne citerons que ceux que nous avons pu vérifier par nous-mêmes.

» A Montpellier, les concrétions sont d'une telle abondance, que c'est par blocs qu'on les extrait. Le service, il est vrai, n'en a pas été interrompu ; l'eau circule, non dans des tuyaux de fonte, mais sur des aqueducs découverts.

» Mais à Grenoble, à Lyon, pour la source du Jardin-des-Plantes, la distribution est arrivée par degrés à cesser complétement ; l'occlusion des tuyaux était parfaite, et cela s'est accompli dans un espace de temps qui ne dépasse pas vingt ans.

Tout le monde, à Paris, connaît les belles incrustations fournies par les eaux d'Arcueil. La source des prés Saint-Gervais pourrait aussi alimenter une fabrique de stalactites et de pétrifications.

» Tels sont les précédens des eaux de source canalisées dans la fonte. » (PARISEL, *Moniteur des Sciences.*)

Pour revenir à l'influence des eaux sur l'économie humaine, nous dirons que leur salubrité est la plus importante des questions que doivent résoudre la science et l'hygiène, car quelque légère que soit leur altération (*manque d'air, — mauvais aménagement, — fermentation des principes organiques, — sels dissous en trop grande quantité,* etc.), les conséquences en sont considérables au point de vue de la santé, et on le concevra facilement en considérant qu'un homme, dans les conditions moyennes, absorbe par jour, en boisson ou dans les alimens, deux litres d'eau, et qu'un litre au moins pénètre dans son sang.

Dr DÉCLAT.

X

PRISE D'EAU. — CLARIFICATION.

La salubrité naturelle de l'eau de Seine est
proverbiale; il faut bien qu'il en soit ainsi —
nous l'avons déjà fait remarquer à nos lecteurs
— pour que son usage ait autant favorisé le
développement des populations saines et énergiques qui habitent ses bords.

M. le préfet de la Seine proclame lui-même
l'excellence de cette eau. *Prise au pont d'I-
vry, elle jouit d'une juste célébrité,* dit ce
magistrat, *et il n'en faudrait pas chercher
d'autre, si elle n'était presque toujours* TROU-
BLE, TROP CHAUDE *ou* TROP FROIDE, *et altérée
dans sa qualité même par des détritus organiques.*

Nous avons déjà fait justice des détritus organiques. Nous avons démontré par des documens
officiels, émanés des agens mêmes de la préfec-

ture, que l'eau de la Seine n'en contient pas une quantité appréciable en poids, mais seulement de *simples traces*. Sa pureté est donc manifeste.

Restent la limpidité et la fraîcheur, seules qualités que ne possède pas toujours l'eau prise en lit de rivière. C'est là le seul motif pour lequel on proposait de la proscrire, pour demander ces qualités à des eaux de source dérivées à grands frais de la Champagne, dussent les inconvéniens inhérens à l'usage de ces sources apporter le trouble dans l'hygiène de la population parisienne.

Avant de recourir à ce moyen désespéré, n'est-il pas plus naturel de doter les eaux de Seine des qualités qui leur manquent, la *limpidité* et la *fraîcheur?*

Nous croyons que la *clarification* de l'eau de Seine est très facile à obtenir. Nous la croyons même d'autant plus facile qu'elle peut être limitée à des quantités d'eau assez restreintes, c'est-à-dire à la consommation personnelle et ménagère des habitans.

Personne, en effet, n'admettra la nécessité d'employer à l'arrosement des rues et jardins, au lavage des ruisseaux, des eaux filtrées pures, limpides et fraîches. De là l'opportunité de séparer les deux services de distribution.

Cela admis, la solution est réduite à des proportions qui permettent de la résoudre avec autant de facilité que d'économie.

Le problème consiste à *convertir l'eau de Seine elle-même en eau de source*, à lui donner toutes les qualités si désirables de pureté, de limpidité, de fraîcheur, sans aucun des défauts inhérens aux eaux de source, c'est-à-dire en lui laissant son aération.

Il suffit pour cela de créer dans les plaines d'Ivry et de Maisons-Alfort deux sources inférieures à l'étiage de la Seine et alimentées par les infiltrations du fleuve.

Ces sources consisteraient dans deux bassins voûtés, d'un kilomètre de longueur chacun environ, sur une dizaine de mètres de largeur, creusés dans la plaine et séparés du fleuve par un large banc de gravier artificiellement disposé et à travers lequel s'infiltreraient les eaux supérieures de la Seine.

En traversant ce banc de gravier, qui devrait être large, au besoin, de plusieurs centaines de mètres, l'eau de Seine se trouverait dans la condition naturelle de toutes les sources.

Elle prendrait la température égale et constante du sol traversé, douze degrés environ. Elle arriverait pure, limpide et fraîche dans les grands bassins de filtration dont nous venons de parler, où elle serait prise par les machines élévatoires. Tel est le principe d'une prise d'eau normale. De là, lancée par des pompes hydrauliques que nous décrirons bientôt, dans de spacieux réservoirs situés aux divers niveaux culminans de distribution, l'eau y conserverait toutes ses qualités, si, comme nous ne cessons de le recommander, elle restait dans ces réservoirs, isolée de la lumière, sous des voûtes épaisses, couvertes de plusieurs mètres de terre portant des plantations.

Alors l'eau de Seine serait DE L'EAU POTABLE PAR EXCELLENCE, *possédant à la fois toutes les qualités des eaux fluviales et des eaux de source, sans avoir aucun des défauts des unes ni des autres.*

La création de ces bassins d'infiltration ne serait pas coûteuse. L'établissement des voûtes et des bancs de gravier ne coûterait pas plus de cinq cents francs par mètre courant. Le sol naturel de la vallée de la Seine, composé de graviers, semble créé tout exprès pour favoriser ce filtrage.

En sorte que, pour deux bassins d'un kilomètre de longueur chacun, on n'aurait qu'un million à dépenser.

On aurait créé avec cette dépense une qualité d'eau tellement supérieure, tellement parfaite, que l'on peut affirmer qu'il n'en existerait pas de semblable peut-être dans le monde entier. C'est ce que nous appellerions L'EAU DE TABLE.

S'il fallait demander à ces bassins de clarification la quantité totale des eaux nécessaires à l'approvisionnement de Paris, c'est-à-dire plusieurs centaines de mille mètres cubes par jour, la dimension prévue de ces bassins ne suffirait pas.

Mais nous avons constaté l'inutilité de filtrer les eaux employées aux services publics. Il reste donc à se préoccuper seulement des services privés, en un mot, de l'eau ménagère, L'EAU DE TABLE, que, dans ce cas, il importe de distribuer séparément, afin de la distribuer *parfaite*.

En affectant à ces services privés l'énorme quantité de dix mille mètres cubes d'eau filtrée par jour, c'est-à-dire cinq litres par tête pour une population de deux millions d'individus, nous croyons en exagérer l'emploi jusqu'à la profusion.

Dans ce cas, les prises d'eau clarifiée n'enlèveraient qu'une couche d'un demi-mètre de hauteur sur les deux bassins, dont la superficie prévue est de vingt mille mètres.

Il n'y aurait donc pas lieu de craindre que ce débit très modéré pût oblitérer le terrain filtrant, eu égard à l'étendue de la section ouverte à la filtration, section que nous avons indiqué pouvoir être de deux mille mètres de longueur, et qui pourrait même au besoin être indéfiniment prolongée.

Sans parler de divers essais de ce genre fonctionnant bien, mais beaucoup trop restreints, selon nous, qui ont été réalisés dans plusieurs villes de France et surtout en Angleterre, il existe un grand exemple de filtration d'eau fluviale que nous ne saurions trop recommander à l'attention de nos lecteurs : c'est le Loiret.

Tout le monde connaît cette courte mais belle

rivière qui sort tout à coup de terre près d'Or-
léans, large, profonde, navigable, et qui a donné
son nom à l'un des beaux départemens de la
France.

Les travaux récemment effectués pour la construction du chemin de fer du Centre ont donné
le secret du phénomène qui produit cette source
remarquable.

La célèbre source du Loiret, ce que l'on a
longtemps ignoré, n'est autre chose qu'un bras
naturel de la Loire, dont la partie supérieure a
été jadis obstruée par les graviers du fleuve, et
successivement recouverte depuis par des allu-
vions modernes.

Il en résulte que l'eau de la Loire, quelque
trouble qu'elle puisse être dans ses crues, continue de s'infiltrer à travers le gravier souterrain de cet ancien bras, sort de terre et s'é-
panche toujours pure, limpide et fraiche par le
Loiret.

C'est ce même phénomène si simple qu'il s'a-
girait de reproduire artificiellement en amont
de Paris dans la vallée de la Seine. C'est ce que
réaliserait le creusement de deux grands bassins alimentaires de clarification.

De même que nous disions récemment que,
selon nous, *la solution de la question des
eaux de Paris est à Marly*, en ce qui concerne
leur élévation, nous dirons aujourd'hui que *la
solution de la question du filtrage est au
Loiret.*

XI

LA SEINE PAR LA SEINE. — L'ÉLÉVATION.

Notre précédent article a expliqué comment il serait possible, par l'établissement de vastes bassins de clarification en amont de Paris, de doter la capitale d'une eau excellente, possédant la réunion de toutes les bonnes qualités attribuées à la fois aux eaux fluviales et aux eaux de source, sans aucun des inconvéniens reprochés aux unes et aux autres.

En présence des projets de l'administration, qui promettent de l'eau de source à un public habitué à l'eau du fleuve, nous avons démontré que l'eau de Seine, traitée par le système de *filtration souterraine*, concilie toutes les opinions et tous les goûts, puisqu'au moyen de ce procédé, tout en émanant du fleuve même, *elle devient rigoureusement eau de source, sans cesser d'être eau fluviale.*

4

L'avantage de ce système, c'est que cette source inépuisable se trouve à Paris même, où elle arrive naturellement et sans frais. Elle appartient aux Parisiens, à titre de possession séculaire indiscutable. Il n'est nécessaire, pour en jouir, ni de construire de coûteux aqueducs, ni de déposséder des populations agricoles situées à deux cents kilomètres de Paris, lesquelles d'ailleurs sont naturellement disposées à contester cette extension indéfinie du droit d'expropriation, si largement pratiqué dans la capitale.

Il reste à élever l'eau de Seine dans les divers réservoirs supérieurs de la ville.

Nous avons traité d'abord de LA CLARIFICATION, qui, selon nous, doit s'effectuer à la prise d'eau même.

Aujourd'hui nous parlerons de L'ÉLÉVATION.

Nous terminerons ensuite notre exposé par LA DISTRIBUTION.

Nous avons invité les personnes que la question des eaux intéresse à visiter les nouvelles pompes de la machine de Marly. Nous considérons ces appareils élévatoires comme ce que le génie hydraulique a construit jusqu'à ce jour de plus simple, de plus économique et de plus puissant.

La Seine, à Port-Marly, est divisée en deux bras par une île longue de plusieurs kilomètres.

Un barrage établi sur le bras gauche du fleuve produit, à l'étiage, une chute d'eau de 2 mètres 50 c. de hauteur, laquelle met en mouvement les pompes de Marly.

Une notice sur la *Nouvelle machine de Marly*, par M. Friès, document très remarquable que le *Moniteur universel* a reproduit, décrit ainsi cette usine hydraulique (1) :

Le nouvel établissement se compose aujourd'hui de trois roues à palettes (il peut en contenir six) qui prennent l'eau aux deux tiers de la chute. Les roues sont en fer forgé ; les palettes seules sont en bois d'orme. L'arbre, aussi en fer forgé et de 0ᵐ,40 de diamètre, est garni, à ses extrémités, de deux manivelles de même métal placées à angle droit, et aux mannetons desquelles se trouvent attachées les bielles de deux pompes placées horizontalement et directement opposées

Chaque roue mène donc quatre pompes, soit douze pour les trois roues qui existent en ce moment. Ces pompes sont aspirantes et foulantes et à piston plongeur. L'aspiration se fait par de petites galeries ménagées dans l'épaisseur des maçonneries et fermées aux deux extrémités au moyen de vannes dont le jeu permet de prendre l'eau d'amont, qui est ainsi toujours abondante, calme et décantée. L'eau, alternativement aspirée et refoulée par les pompes, est dirigée dans deux conduites latérales qui vont se réunir dans la montagne pour se rendre sur l'aqueduc de Marly. Les roues ont 12 mètres de diamètre ; la longueur des manivelles est de 0ᵐ,80, la course des pistons de 1ᵐ,60 et leur diamètre de 0ᵐ,38.

Les roues ont été calculées pour marcher à trois tours par minute. Mais les conduites qui existent actuellement étant trop petites, elles ne peuvent marcher qu'à deux tours et demi. A cette vitesse, elles montent *d'un seul jet* de 6 à 7,000 mètres cubes d'eau par

(1) A Paris, chez Mᵐᵉ veuve Bouchard-Huzard, rue de l'Eperon, 8.

vingt-quatre heures, soit 69 à 81 litres par seconde, à 160 mètres de hauteur verticale, sur un parcours de 1,300 mètres de tuyaux. *En dehors des travaux des mines, c'est la plus grande élévation d'eau d'un seul jet que l'on connaisse.* L'eau montée sur l'aqueduc se rend dans les réservoirs des Deux-Portes, pour être dirigée de là s r Versailles et Saint-Cloud.

La quantité d'eau fournie depuis le 9 juin 1859 a été tellement abondante et régulière qu'elle a pu suffire non-seulement à l'alimentation de Saint-Cloud et de Versailles, mais encore au jeu des grandes eaux du parc de Versailles, qui eut lieu une première fois le dimanche 9 octobre 1859. Une circonstance à noter c'est que jamais, depuis leur création, les eaux de Versailles n'avaient joué avec de l'eau de Seine, car elles avaient toujours été alimentées précédemment avec les eaux blanches contenues dans les étangs qui dominent la ville, recueillies sous Louis XIV, et qui, à sec depuis deux années, manquaient complétement à leur destination.

Le nouveau mécanisme que nous venons de décrire est surtout remarquable par sa simplicité et par l'ensemble des mouvemens dont la puissance est directement appliquée à la résistance qu'il s'agit de vaincre. Il fait le plus grand honneur à l'administration de la Liste civile, qui en a ordonné les études, comme à M. Dufrayer, qui en a fourni le projet et dirigé l'exécution. Il est renfermé dans un bâtiment en pierre et briques, heureusement approprié à sa destination. La charpente, d'une élégante hardiesse, est en tôle de fer; la couverture en zinc cannelé.

Le calme, le silence on pourrait dire, qui règne à l'intérieur et à l'extérieur de l'établissement actuel, ne rappelle en rien l'ancienne machine de Marly, de bruyante mémoire, et dont les immenses mouvemens ainsi que l'espace qu'elle occupait frappaient beaucoup plus les yeux et l'imagination qu'elle ne faisait de besogne. La machine actuelle, au contraire, devra sa réputation à son extrême simplicité et à l'énorme quantité d'eau qu'elle peut produire.

Nous ajouterons à ces détails que le barrage,

construit par l'administration des ponts et chaussées, a coûté 400,000 fr.

Les frais d'installation des trois roues hydrauliques et de leurs douze pompes, ainsi que la construction de la belle halle recouvrant ces trois roues, local disposé pour en contenir jusqu'à six, ont été supportés par la liste civile et s'élèvent également à 400,000 fr.

La dépense totale monte donc à 800,000 fr. Elle atteindra un million lorsque les trois autres roues hydrauliques, dont les chenaux sont préparés, seront mises en place. Chacune de ces roues, munie de ses quatre pompes, coûte 80 mille francs.

Par mesure d'économie, on a laissé provisoirement subsister les tuyaux de conduite de l'ancienne pompe à feu de Marly, aujourd'hui supprimée. Le diamètre de ces tuyaux, de 19 centimètres seulement, est de beaucoup insuffisant pour débiter la quantité d'eau que les pompes peuvent élever sur l'aqueduc de Louveciennes. Il en résulte que toute la force des trois roues hydrauliques actuellement existantes ne peut être utilisée, et que les 7,000 mètres cubes d'eau qu'elles élèvent ne représentent pas même *les deux tiers* du travail effectif qu'elles peuvent fournir.

Le débit des six chenaux alimentaires du barrage à l'étiage, correspond à une force de 1,800 chevaux-vapeur.

Le travail des six roues de ce grand atelier

hydraulique, quand il sera complété par la pose des trois dernières roues, est calculé pour n'employer que les deux tiers seulement de cette force, soit 1,200 chevaux-vapeur.

En sorte que chaque roue hydraulique de 12 mètres de diamètre, faisant trois tours à la minute, représente une force de 200 chevaux. Par conséquent, chacune des quatre pompes mues par ces énormes volans développe sur ses formidables pistons une puissance de 50 chevaux-vapeur, capable d'élever au moins 1,000 mètres cubes d'eau par vingt-quatre heures, à une hauteur de 160 mètres.

Avec ses six roues, munies de leurs 24 pompes, l'atelier hydraulique de Marly, lorsqu'il sera complet, pourra élever au moins 25,000 mètres cubes d'eau par jour à 160 mètres de hauteur.

Ce même atelier élèverait donc *quatre fois cette quantité d'eau au quart de cette hauteur,* soit 100,000 mètres cubes à une altitude de 40 mètres! et cela avec une dépense une fois faite d'UN MILLION!

Cent mille mètres cubes par jour, c'est exactement la quantité d'eau que l'administration municipale de Paris espérait obtenir de son projet de dérivation des sources, moyennant une dépense prévue de 60 millions, mais pouvant s'élever bien au delà.

Et comme il n'est pas nécessaire d'élever la totalité de cent mille mètres cubes d'eau à la hauteur de 40 mètres; que la plus grande partie de cette quantité ne devra même être élevée qu'à une hauteur beaucoup moindre, on peut affirmer que l'appareil hydraulique de Marly, transporté en amont de Paris, disposerait d'une force suffisante pour élever, aux divers niveaux nécessaires de distribution, et avec une dépense une fois faite d'un million, non pas cent mille mètres, mais deux cent mille mètres cubes d'eau par jour !

Si l'on triple, en amont de Paris, l'effet de l'atelier hydraulique de Marly, en plaçant deux de ces ateliers sur la Seine et un sur la Marne, on obtiendra, au moyen de dix-huit roues, l'élévation de six cent mille mètres cubes d'eau par jour !

Cette évaluation pourra même être dépassée, si l'on surélève encore le barrage du Port-à-l'Anglais, destiné à la navigation; surtout si on porte la chute à cinq mètres, comme le permettrait le curage de la Seine dont nous avons entretenu nos lecteurs (1).

Les forces produites par de telles chutes pourraient élever des masses d'eau suffisantes pour les besoins d'une population de six millions d'habitans.

Nous n'avons donc pas émis une proposition hasardée ou exagérée, lorsque nous avons indi-

---

(1) Voir page 119, *Dragage de la Seine.*

qué la possibilité d'élever par les seules forces de la Seine et de la Marne un demi-million de mètres cubes par jour pour l'approvisionnement de Paris.

Nous n'avons pas avancé une hypothèse, nous avons proposé un système qui fonctionne régulièrement à Port-Marly depuis deux ans.

Il ne s'agirait pour cela que d'établir en a-mont de Paris trois usines hydrauliques en tout semblables à celle qui existe à Port-Marly. Or ce résultat peut être obtenu par une dépense de *trois millions !*

Cinq cent mille mètres cubes d'eau par jour pour une dépense finale de *trois millions !* Est-il permis d'hésiter, en présence des projets de dérivation des sources qui seraient bien loin de pouvoir réaliser un pareil résultat.

Veut-on maintenant calculer ce que cette eau coûterait à la Ville ?

L'usine de Port-Marly, quand elle sera complète, aura coûté un million. Cette somme représente un intérêt annuel de. . . . 50,000 fr.

L'amortissement des appareils hydrauliques. 25,000

————

Total. . . . . . 75,000 fr.

par an ou 205 fr. par jour, pour l'élévation de 200,000 mètres cubes à des niveaux variant entre 15 et 50 mètres de hauteur.

C'est un franc pour mille mètres !

C'est un dixième de centime par mètre cube !

C'est par erreur que nous disions récemment que ce prix était cinquante fois moins cher que celui des eaux de source du projet préfectoral. C'est *cent vingt fois moins cher* que nous aurions dû dire!

En effet, l'eau de la Somme-Soude coûterait à la Ville, d'après les calculs établis publiquement devant la société des ingénieurs civils, 12 centimes par mètre cube; tandis que l'eau de la Seine, élevée par une machine hydraulique analogue à celle de Marly, ne reviendra qu'à un dixième de centime le mètre cube.

En résumé, l'eau de Seine ainsi élevée dans les réservoirs coûtera donc bien réellement *cent vingt fois moins cher* que l'eau des sources de la Champagne.

Dans un prochain article, nous traiterons de la DISTRIBUTION, et nous espérons démontrer que le régime des eaux de Paris, loin d'être, selon les projets de l'administration, la cause d'une énorme dépense pour la Ville, est susceptible de lui produire un revenu de plusieurs millions, revenu que nous prouverons pouvoir être supérieur, chaque année, à la dépense même du capital de premier établissement.

4.

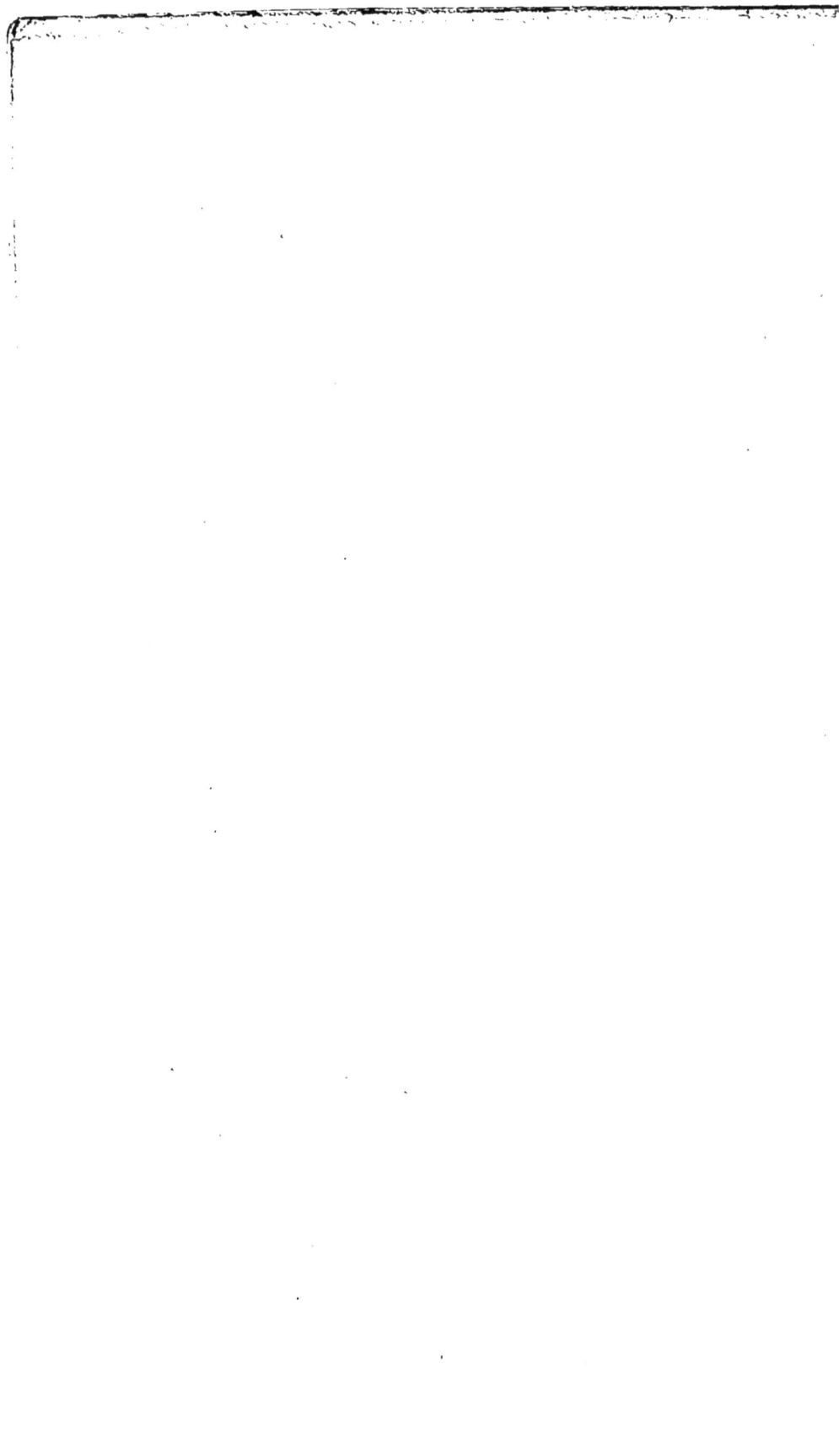

XII

LA DISTRIBUTION.
DOUZE MILLIONS PAR AN POUR L'EMBELLISSEMENT DES QUARTIERS ANNEXÉS.

Nous avons plusieurs fois exprimé le vœu qu'un concours public fût ouvert sur la grande question des eaux de Paris.

L'épreuve du concours pourrait être faite à la fois pour le plan d'ensemble de l'approvisionnement des eaux et se subdiviser en sous-questions distinctes, telles que, par exemple, *la clarification, l'élévation, la distribution*.

Ce serait, selon nous, le moyen d'appeler une plus grande masse de lumières pour la solution du problème.

Si nous attachons une très grande importance à l'examen de ce sujet, c'est que, ainsi que déjà nous l'avons fait remarquer, *il intéresse le public de tous les pays*, car le système d'approvisionnement des eaux de Paris, bien étudié, bien appliqué, pourrait servir de type à toutes les autres villes et même aux agglomérations les moins populeuses, tant en France qu'à l'étranger.

A ce point de vue, les idées que nous avons émises à cet égard et celles que nous continuerons d'exprimer, ne sónt que des fragmens du grand programme d'aménagement des eaux intérieures de la France, dont la *Patrie* a depuis longtemps posé les bases principales, à savoir, que *nos cours d'eau ne doivent se verser dans la mer qu'après avoir accompli sur notre territoire le maximum des services que l'on peut en retirer.*

1° L'assainissement et le desséchement ;

2° La navigation ;

3° L'irrigation ;

4° La création de forces motrices, pour élever les eaux sur tous les points culminans, pour l'alimentation des villes et des campagnes ;

5° L'application de ces forces motrices à l'industrie.

Ce serait une honte pour notre époque et pour notre pays, qui possède tant a'élémens de savoir et dé puissance, de ne pas tirer meilleur parti des ressources inépuisables que nous a départies la Providence. On serait d'autant plus coupable de persister dans cette insouciance, en présence de tant de biens, *que les dépenses*

à faire pour les recueillir seront toutes im-
médiatement productives, au décuple, au
centuple parfois, de ce qu'elles auront coûté.

On comprendra dès lors toute l'insistance que
nous avons apportée dans cette affaire des eaux
de Paris, qui offre ce même aspect économique
et fécond; on comprendra pourquoi, en un mot,
nous avons combattu le projet de dérivation des
sources de la Champagne, qui doit nécessiter
d'énormes dépenses sans certitude de compensation.

Le projet d'approvisionnement de Paris par
l'eau de la Seine, élevée par la Seine elle-même,
présente au contraire un caractère par-dessus
tout déterminant : c'est qu'*il ne coûtera pres-*
que rien. Il fournira quatre fois plus d'eau que
tous les autres plans, et il apportera à la ville
un *revenu annuel considérable.*

Nous avons dit dans un article spécial sur la
clarification comment il était possible d'obtenir l'eau de Seine, à sa prise d'eau, aussi pure
et aussi limpide que l'eau de source.

Nous avons expliqué dans un article suivant
comment les eaux de la Seine pouvaient être
élevées *presque gratuitement*, c'est-à-dire au
prix d'un dixième de centime le mètre cube,
dans les réservoirs de distribution de la ville,
en appliquant en amont de Paris, sur le barrage du Port-à-l'Anglais, des appareils hydrauliques semblables à ceux que M. Dufrayer a
établis à Marly.

Constatons d'abord le premier résultat matériel que la caisse municipale recueillerait de
l'adoption du système d'élévation de l'eau de
Seine par la Seine. Elle économiserait toute la
somme prévue pour les projets de dérivation des
sources.

On sait que la dépense de ces projets est évaluée à 60 millions ; il est possible qu'elle puisse
atteindre 100 millions, et il est probable qu'elle
n'en coûterait pas moins de 80.

Cette économie de 80 millions ne serait pas à
dédaigner par la ville de Paris, dont les finances
sont déjà très obérées.

Cela dit, envisageons les résultats de la *distribution* des eaux qui s'étendrait à toute la population de Paris et des environs, c'est-à-dire à
2 millions de consommateurs.

Une partie des réservoirs actuels, dont plusieurs sont très bien construits, seraient utilisés
pour l'eau potable clarifiée, à la condition toutefois d'être voûtés et isolés de la lumière, ainsi
que nous l'avons déjà recommandé.

Les autres réservoirs recevraient des eaux
non clarifiées destinées aux services publics.

Mais ces réservoirs étant insuffisans, il con-
viendrait d'en créer de nouveaux plus spacieux
sur les coteaux qui dominent les deux rives
de la Seine depuis Charenton jusqu'à Saint-
Cloud.

La construction de réservoirs très grands
pour les eaux potables est d'autant plus néces-

saire, qu'elle répond à la seule objection qui ait pu être faite à l'établissement des appareils hydrauliques élévatoires : les chômages forcés dans les crues. Ces chômages, additionnés pendant le cours d'une année, peuvent s'élever à trente jours *non consécutifs*. L'objection du chômage se résout donc par une question de réservoirs.

Plusieurs projets assez ingénieux ont déjà paru pour la distribution de l'eau à tous les étages des maisons. Tous consistent en tuyaux de répartition, émanant soit des réservoirs généraux, soit de réservoirs privés, établis *dans les combles* des maisons.

Aucun de ces projets ne nous a paru se préoccuper de moyens réfrigérans pour l'eau destinée à la consommation de la table. Cette condition est importante cependant, car il serait inutile de faire de grandes dépenses pour amener, dans les réservoirs publics, de l'eau à la température de 12 degrés, si elle devait être réchauffée l'été ou glacée l'hiver; ce qui ne manquerait pas d'avoir lieu avec des réservoirs situés au faîte des maisons.

Dans notre opinion, le véritable réservoir de consommation doit être dans la cave, où l'eau conserve cette température égale de douze degrés, si recherchée dans toutes les saisons.

Cela étant, le bassin supérieur public donne la charge; l'eau descend par un tuyau sous

cette pression dans la cave, où elle s'emmagasine dans le *réservoir de consommation*, dont
on aura soin de multiplier les surfaces métalliques, afin de lui communiquer plus vite la
température du milieu réfrigérant. De ce réservoir de consommation, l'eau, toujours sous la
pression du réservoir public, s'élèvera à chaque étage par des tuyaux.

C'est ainsi, selon nous, que l'eau de Seine
parviendra à la consommation toujours pure,
limpide et fraîche, selon le programme préfectoral.

Indépendamment des eaux potables clarifiées,
la Ville, comme nous venons de le dire, livrerait
aussi une abondante quantité d'eaux naturelles
non clarifiées, pour une infinité d'usages domes-
tiques ou industriels.

La Ville percevrait un droit sur les eaux ainsi
distribuées à tous les habitans.

Ce droit serait converti en abonnement par
tête d'habitant, ce que chacun, assurément, pré-
férerait. Cet abonnement, pour l'eau clarifiée
distribuée dans les appartemens, pourrait être
fixé à un minimum de *deux centimes* par jour
et par habitant, et à *quatre centimes* par tête
de cheval ou de gros bétail. Ainsi, pour deux
centimes, chacun recevrait une quantité d'eau
quadruple et deux fois moins chère que celle
dont il dispose aujourd'hui.

A ce taux moyen de deux centimes par jour,
l'abonnement annuel produirait :

Pour les 1,700,000 habitans
actuels de Paris. . . . . . 12,410,000 fr.

Pour les 150,000 têtes de
chevaux ou gros bétail. . . 2,190,000

Les concessions industrielles
et particulières que ferait la
ville, soit dans Paris, soit au
dehors, pourraient s'élever en
peu d'années à un chiffre très
considérable qui ne serait pas,
dès le début, inférieur à . . 1,400,000

Total. . . 16,000,000 fr.

Les travaux à faire pour la canalisation intérieure des eaux de Paris, en vue de leur répartition complète, seront très coûteux, surtout si,
comme nous le croyons nécessaire, on établit
deux réseaux de conduites, un d'eau filtrée pour
la consommation privée, et un d'eau naturelle
pour les services publics.

L'appréciation exacte de cette dépense exige-
rait une étude de détail qui n'a pas encore été
faite. Evaluée sommairement par des ingénieurs, elle pourrait varier entre quarante et
soixante millions, selon la perfection du système
qui serait adopté.

Comme réprésentation de l'intérêt de cette
dépense, autant que pour les frais de percep-
tion, il convient de déduire 4 millions du revenu brut, que nous avons ci-dessus calculé
pouvoir atteindre 16 millions.

C'est donc un revenu annuel bien **réel de 12** millions qui resterait à la Ville.

L'administration municipale, une fois en possession de ce revenu permanent de douze millions, pourrait l'appliquer par surcroît, *et no- nobstant les autres ressources prévues*, à l'amélioration, pendant dix ans, des quartiers récemment annexés à la capitale.

Une ressource extraordinaire de CENT VINGT MILLIONS affectée, dans une période de dix années, à l'embellissement des arrondissemens annexés, les transformerait rapidement et les mettrait en harmonie parfaite avec les quartiers du centre de Paris.

Ce serait justice. Chaque habitant de Paris paierait d'autant plus volontiers cet abonnement modéré qu'il lui coûterait beaucoup moins cher que le prix auquel lui revient aujourd'hui son eau. et que d'ailleurs cette taxe ne pourrait recevoir de plus utile, de plus légitime destination.

XIII

LA MARNE PAR LA MARNE.—LE LAC DE VINCENNES.

Nous nous sommes efforcé de démontrer, par le simple exposé de faits dont chacun peut vérifier l'exactitude, que la Ville de Paris doit distribuer de préférence à ses habitans l'eau de la Seine pure en la prenant au pont d'Ivry.

Nous avons expliqué par quel mécanisme naturel la Seine elle-même, au moyen des seules forces de son courant, pouvait se charger presque gratuitement de la *clarification*, de *l'élévation* et de la *distribution* de ses eaux.

L'ensemble de ce système doterait les Parisiens d'un approvisionnement d'eau d'une pureté sans égale dans le monde entier. L'eau ainsi répartie coûterait à chaque habitant moitié moins cher qu'elle ne lui coûte aujourd'hui. En même temps, l'adoption de ce système épargnerait à la Ville 80 millions de dépenses prévues et lui assurerait un revenu annuel d'une douzaine de millions, pouvant même au besoin atteindre 20 millions.

Nos lecteurs comprennent maintenant tout cela. Ils comprennent parfaitement que le mètre cube d'eau de Seine, pris en amont de Paris, ne pèse pas plus qu'un mètre d'eau de Seine pris à Marly. Et comme la machine de Marly peut élever l'eau de Seine à raison de *un dixième de centime par mètre cube*, ainsi que nous l'avons démontré, chacun doit espérer que nous verrons bientôt fonctionner des roues semblables à celles de Marly sur le barrage du Port-à-l'Anglais.

Pourquoi faut-il que cette vérité, qui s'est si facilement accréditée dans l'esprit de toute une population, ait tant de peine à se faire jour près de l'administration municipale, composée d'hommes si éclairés, si compétens?

Comment est-il possible que cette administration ait pu imaginer tout cet appareil ruineux d'aqueducs de 200 kilomètres, qui devait coûter de 60 à 100 millions?

Pourquoi cette extension d'un large système d'expropriation à travers des campagnes éloignées, où la ville de Paris n'a rien à voir?

Pourquoi d'ailleurs enlever l'eau de la Champagne malgré la volonté de ses habitans?

Pourquo imposer aux Parisiens, malgré leur volonté, l'usage de cette eau de source qui leur répugne à juste titre, tandis qu'ils préfèrent l'eau de Seine, à laquelle ils sont habitués, et qu'ils préféreraient de beaucoup encore si on la leur livrait plus pure ?

On ne peut admettre le prétexte d'ignorance ; car l'administration municipale sait tout cela.

Elle le sait mieux que personne, car elle élève déjà l'eau *de la Marne par la Marne.*

Et, à moins qu'il ne soit démontré que l'eau de Seine est beaucoup plus difficile à élever que celle de la Marne, nous ne voyons pas pourquoi l'administration ne ferait pas au pont d'Ivry ce qu'elle fait elle-même avec tant de succès sur la Marne, à la chute de Saint-Maur, à quatre kilomètres et en vue du pont d'Ivry, ainsi que nous allons l'expliquer.

En effet, quand nous émettions l'idée d'élever la Seine par la Seine, on aurait pu penser que l'administration pouvait mettre en doute la valeur de nos affirmations. Nous avons dû lever toutes les incertitudes à cet égard en citant la machine de Marly, qui élève la Seine par la Seine.

Mais outre la machine de Marly, nous venons aujourd'hui apporter une preuve non moins saisissante à l'appui de ce système. *Cette preuve, c'est la machine de Saint-Maur,* avec laquelle les ingénieurs de la Ville font exactement, sur la Marne, ce que nous demandons qu'ils fassent sur la Seine à Ivry.

On sait que l'Empereur, voulant doter les arrondissemens de l'est de Paris d'une grande promenade publique semblable au bois de Boulogne, avait invité la préfecture de la Seine à entreprendre l'embellissement du bois de Vincennes.

L'administration municipale, prétextant la grande dépense de ce projet, en déclina l'exécution.

Sa Majesté alors se chargea de cette dépense. Le bois de Vincennes fut transformé et embelli aux frais du trésor impérial; après quoi l'Empereur en fit don à la ville de Paris.

Pour embellir le bois de Vincennes, il fallait de l'eau. Les ponts et chaussées proposèrent de recueillir les sources des coteaux de Montreuil et de Fontenay. L'Empereur, après examen personnel, jugea le débit de ces sources insuffisant, et indiqua lui-même la possibilité d'élever dans le lac de Vincennes l'eau de la Marne, par la chute de la Marne existant à Saint-Maur.

L'ingénieur des eaux de la couronne, M. Dufrayer, fut appelé de Marly.

L'habile hydraulicien reconnut qu'à raison de la condition particulière de la prise d'eau, il n'y avait pas lieu à copier ici son appareil de Marly. Au lieu de roues verticales, il proposa les turbines de M. Fourneyron, et fut chargé de les installer.

Une chute d'eau de la force de 40 chevaux, distraite des moulins de Saint-Maur, fut louée à M. Darblay moyennant 13,000 fr. par an.

Indépendamment de cette charge annuelle, la

liste civile dépensa 91,000 fr. pour l'établissement des appareils de M. Fourneyron et la pose de 1,500 mètres de tuyaux de fonte, pour conduire l'eau de la Marne, élevée par la Marne elle-même, dans le beau lac de Vincennes.

On fut assez heureux pour remplir ce lac la veille même du jour où nos soldats, revenant d'Italie, s'installèrent par une chaleur tropicale au célèbre bivouac de Saint-Maur, autour de ce même lac, créé par la munificence de l'Empereur.

Depuis lors, les turbines de Saint-Maur élèvent, par la chute de la Marne, une masse de 5,000 mètres cubes d'eau, à 44 mètres de hauteur, dans le bois de Vincennes, auquel ces eaux communiquent une exhubérance de fraîcheur qui n'est pas le moindre charme de cette magnifique promenade.

Ainsi c'est par la volonté de l'Empereur, et aux frais de son trésor particulier, que deux grandes créations attestant l'incomparable puissance du génie hydraulique, ont été presque simultanément installées aux portes de la capitale, à Saint-Maur et à Port-Marly.

Et ce qu'il y a de plus curieux, c'est que l'un de ces établissemens, celui de Saint-Maur, qui élève la Marne par la Marne, est maintenant entre les mains de l'administration municipale, à laquelle l'Empereur en a fait don; entre les mains de cette administration qui, au lieu d'imiter le grand exemple qu'elle a sous les yeux, va imaginer des projets fantastiques d'aqueducs plus ou moins imités des Romains !

Espérons donc que la volonté souveraine, qui a fait élever si utilement, si économiquement les eaux de la Seine et de la Marne sur les plateaux de Versailles et de Vincennes, interviendra de nouveau pour faire élever aussi la Seine par la Seine dans tous les quartiers de Paris.

XIV

UNE MESURE TRANSITOIRE

L'émotion produite par l'incident des eaux de Montmartre a porté l'attention publique vers l'examen de l'approvisionnement général des eaux de Paris.

Le projet préfectoral consistant à dériver les rivières de la Champagne vers Paris a été l'objet de nombreuses critiques, au point de vue de la dépense, par les ingénieurs, et sous le rapport de l'hygiène, par les médecins.

Ce qui semblait militer d'abord en faveur du projet préfectoral, c'était l'incurie véritable qui avait présidé, sous les administrations antérieures, à l'établissement des prises d'eau dans la Seine; prises d'eau qui toutes, sans exception, avaient été placées en aval des égouts.

On aurait voulu en effet distribuer aux Parisiens des eaux à leur maximum d'altération, que l'on n'eût pas agi autrement.

Les habitans de Montmartre ont réclamé éner-

giquement contre cet intolérable régime. **Leurs**
plaintes ont reçu une satisfaction transitoire,
par l'amélioration de leur prise d'eau.

Les habitans de Paris attendent une mesure
analogue. Tous comprennent aujourd'hui qu'aucune eau ne satisfait mieux à toutes les conditions d'une bonne hygiène que l'eau de la Seine, mais l'eau de Seine pure, prise au pont d'I-
vry, point où M. le préfet lui-même reconnaît
qu'elle jouit d'une pureté justement célèbre.

Depuis quelque temps, la Ville possède une
usine élévatoire à vapeur, au-dessus de ce
point, au Port-à-l'Anglais.

L'Etat construit maintenant un barrage sur la
Seine à quelques centaines de mètres en amont
de cette usine.

Cet ouvrage comprendra une grande écluse,
une passe navigable pourvue de hausses mobiles, et un déversoir.

Ce barrage, établi exclusivement pour les besoins de la navigation, est à peine commencé.
Ne pourrait-il recevoir une légère modification,
qui permettrait d'y installer un certain nombre
de roues hydrauliques, analogues à celles de
Marly? C'est une belle occasion d'appliquer le
système d'élévation de l'eau de la Seine par la
Seine, tout en laissant entière la question de
l'approvisionnement général des eaux de Paris.

Le barrage étant construit aux frais de l'Etat,
cette mesure ne coûterait qu'une dépense insi-

gnifiante, comparativement aux avantages qu'elle produirait.

Une roue de Marly développe une force de deux cents chevaux faisant marcher quatre pompes, capables d'élever 4,000 mètres d'eau à une altitude de 160 mètres.

En d'autres termes, cette même roue peut élever 32,000 mètres cubes d'eau à la hauteur moyenne de 20 mètres, hauteur plus que suffisante, si l'on considère que la plus grande partie des points de distribution est inférieure à dix mètres.

L'établissement d'une telle roue, munie de ses pompes, coûte 80,000 fr. Les frais de son entretien sont à peu près nuls.

Quatre roues semblables établies sur ce barrage coûteraient donc 320,000 fr.

La halle qui contiendrait ces quatre roues coûterait au plus 80,000 fr.

Il y aurait peut-être à payer une cinquantaine de mille francs aux ponts et chaussées pour l'excédent de dépense occasionnée sur le barrage par les quatre chenaux alimentaires des roues hydrauliques.

L'établissement des quatre roues et de leurs seize pompes ne coûterait donc pas plus de 450,000 fr.

La substitution de tuyaux d'un plus grand diamètre aux conduites actuelles de l'usine, qui deviendraient insuffisantes, ne coûterait pas 500,000 fr.

En sorte que la dépense totale de la nouvelle usine hydraulique et de la conduite principale ne s'élèverait pas à un million.

Veut-on savoir quel résultat serait obtenu avec cette dépense d'un million, dont l'intérêt représente 140 fr. par jour?

On élèverait, au moyen des quatre roues, 128,000 mètres cubes d'eau de Seine pure par jour, quantité supérieure à celle du canal de l'Ourcq, dont le débit maximum est de 110,000 mètres cubes.

Ce résultat correspond, on le voit, au prix de *un dixième de centime* environ par chaque mètre cube d'eau élevé dans les bassins de la ville.

La Ville pourrait éteindre immédiatement la petite usine à vapeur du Port-à-l'Anglais, qui serait conservée telle qu'elle est pour suppléer à l'usine hydraulique dans les momens de chômage.

La mesure transitoire que nous proposons ne serait pas onéreuse pour la Ville. Elle laisserait intacte la question générale des eaux de Paris et donnerait tout le temps d'examiner à loisir, sans précipitation et surtout sans parti pris, les divers systèmes en présence pour l'approvisionnement de la capitale.

L'ensemble des dépenses prévues par le projet préfectoral peut s'élever à environ CENT MILLIONS, pour obtenir les cent mille mètres cubes d'eau par jour que l'on demanderait aux dérivations de la Somme-Soude, de la Dhuis, de la Vanne, etc.

Le projet des roues hydrauliques du Port-à-l'Anglais ne doit coûter qu'un MILLION pour élever une quantité d'eau supérieure à celle du projet préfectoral.

C'est une économie notable, sans doute, qu'une réduction de quatre-vingt dix-neuf millions sur cent. Mais dans notre opinion, la question d'argent, si importante qu'elle soit, n'est que secondaire. La question prédominante c'est, selon nous, celle de l'hygiène.

L'eau entre, comme agent direct ou auxiliaire, pour plus de la moitié peut-être dans l'alimentation humaine. En s'exposant à suivre une fausse route dans les améliorations qu'elle projette, l'administration pourrait compromettre très gravement les conditions hygiéniques de la grande population parisienne.

Tout porte à penser qu'il n'en sera pas ainsi. L'administration de la Seine est trop intelligente pour ne pas profiter de l'occasion unique offerte en ce moment par la construction du barrage du Port-à-l'Anglais, surtout quand il ne s'agit que d'un million, somme de beaucoup inférieure à bon nombre d'expropriations luxueuses et inutiles dont nous sommes trop fréquemment témoin.

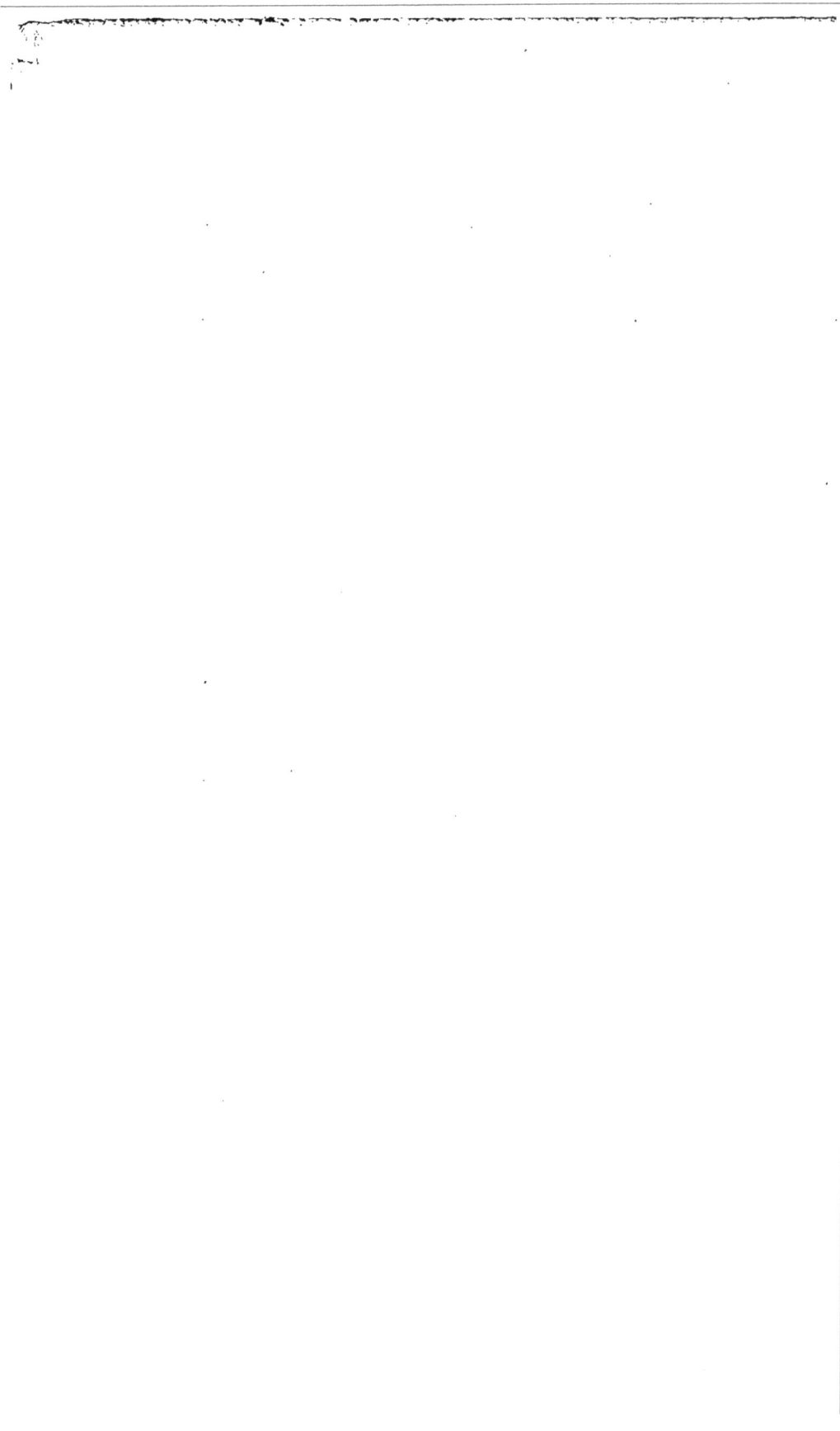

XV

TARIF PROPORTIONNEL DES EAUX.

Nous recevons d'un de nos lecteurs la lettre suivante, que nous nous empressons de publier :

Paris, 20 juillet 1861.

Monsieur,

Puisque, dans votre article du 9 courant sur la question des eaux de Paris, vous provoquez les observations des plus infimes comme des plus compétens, permettez-moi une seule observation.

Ce qui m'a frappé, tout en admirant la grandeur de votre projet, l'économie et la satisfaction des besoins de la population, c'est que vous calculez le prix de revient dans les maisons à 2 centimes par jour et *par tête*, c'est-à-dire que tout ménage d'ouvrier comme moi, ayant chez lui son père et sa mère et plus ou moins d'enfans, un personnel de six personnes en moyenne, paierait pour une ou deux chambres par an 43 fr.

20 cent. pour son eau, et que mon propriétaire, occupant six ou huit pièces pour lui, sa femme et une bonne, ne paierait que 21 fr. 60 cent.

C'est toujours le vieil adage : *Aux gueux la besace.*

Voilà, dans ma sphère, la seule observation que j'aie à signaler pour répondre à votre provocation de réfuter ce qui semblerait devoir être rectifié.

Heureusement, mon objection n'affaiblit pas la valeur de votre admirable projet; ce n'est qu'une meilleure répartition à faire dans le prix, mais dont il est bon de parler dès le début.

Mon observation, toute puérile qu'elle puisse vous paraître, vous prouve néanmoins qu'on s'intéresse à votre projet, même dans les ateliers.

Recevez, monsieur, mes excuses, et l'assurance de ma parfaite considération.

Luc, ouvrier tapissier,
rue Charlemagne, 22.

Cette lettre, dont la spirituelle simplicité égale le bon sens, est l'expression d'une idée qui nous est commune et dont nous nous réservions d'entretenir prochainement nos lecteurs. Nous sommes on ne peut plus heureux de cette initiative, due à un humble ouvrier.

Dans notre numéro du 9 de ce mois, en traitant de la distribution des eaux dans Paris, nous avons en effet émis sommairement le principe de l'utilité d'une taxe générale sur les eaux, prélevée sur tous les consommateurs.

Le but de notre proposition est d'assurer à la Ville un revenu net extraordinaire d'une douzaine de millions par an, dont le produit pourrait être très utilement appliqué, pendant une dizaine d'années, à l'embellissement des quartiers annexés, qui, faute d'une semblable affectation, resteraient longtemps dans l'état de confusion et de disparate où nous les voyons. Au bout de cette période, le revenu, devenu permanent, pourrait être appliqué à de non moins utiles destinations.

En proposant l'établissement d'une taxe moyenne de deux centimes par jour et par tête sur les eaux distribuées par la Ville à ses habitans, aux étages de toutes les maisons, nous n'avons indiqué que la base générale et *moyenne* de cet impôt de consommation, sauf à en étudier ultérieurement en détail les élémens de répartition.

Nous avions réservé, pour cause de connexité, l'examen de la répartition de la taxe des eaux pour le moment très prochain où nous traiterons la grande question des loyers.

La lettre de notre modeste correspondant exprime une pensée humanitaire et profonde. La Ville a besoin de revenus. L'usage utile qu'elle fait de ses revenus est tellement apprécié, que les divers impôts de consommation qu'elle frappe sur ses habitans sont acceptés sans aucun murmure, quant au principe; on ne se plaint en général que de la répartition.

5.

En distribuant des eaux excellentes aux étages de toutes les maisons, moyennant une taxe modérée, la Ville rendrait un service immense à tous les habitans. Elle les affranchirait du péage des porteurs d'eau, opération qui ne prélève pas moins de TRENTE MILLIONS PAR AN sur la population parisienne.

En établissant une taxe de 16 millions sur la distribution des eaux, on le voit, la Ville soulagera encore le public d'une dépense réelle d'une quinzaine de millions.

En supprimant de fait la profession de porteur d'eau, elle aura en même temps bien mérité de la dignité de l'homme; car il n'est pas humain de voir dans les rues de la grande cité toute une classe d'ouvriers attelés à des tonneaux d'eau et réduits à faire un métier qui d'ordinaire incombe aux chevaux ou aux autres bêtes de somme.

En créant ses magnifiques trottoirs, la ville de Paris a débarrassé ses rues de cette nombreuse population de décrotteurs que la génération actuelle n'a pas vue, et qui vivait, il y a quarante ans, de la malpropreté publique.

On n'a pas reproché à la Ville d'avoir, en créant ses trottoirs, réduit les décrotteurs à la misère. La triste et pénible profession de porteur d'eau n'inspirera pas plus de regrets. Ces hommes vigoureux, honnêtes, et en général très intelligens, ne manqueront assurément pas d'ouvrage. Grâces à l'essor immense du Paris moderne, la grande cité peut maintenant donner du travail à tous ses enfans.

Mais en établissant une taxe sur la distribution des eaux, l'administration actuelle ne doit pas imiter ses devancières. Elle doit se préoccuper davantage de l'allégement des habitans les moins aisés.

Elle doit s'inspirer de la pensée de notre correspondant, qui fait ressortir l'opportunité d'une *taxe proportionnelle* sur les eaux.

En recherchant les divers élémens qui pourraient servir de base à cette proportionnalité, nous n'en voyons pas de meilleur, de plus équitable que le taux des loyers.

D'après ce principe, *l'abonnement frapperait sur le locataire consommateur, non pas dans la proportion et la quantité consommée, mais dans celle de son loyer.* Le propriétaire recueillerait la taxe sur ses locataires et la payerait à la Ville, selon la pratique usitée aujourd'hui pour l'impôt des portes et fenêtres.

En admettant, par exemple, que cette taxe s'élevât à 3 0/0 du montant du loyer, un locataire de 300 fr. paierait 9 fr. par an ; celui de 1,000 fr. paierait 30 fr., et celui de 10,000 fr. paierait 300 fr.

Ainsi répartie, cette taxe n'aurait rien d'exagéré; elle pourrait même, au besoin, être sensiblement augmentée, et serait toujours infiniment moindre que la dépense actuellement supportée par les Parisiens.

C'est ainsi que la Ville s'assurerait un revenu
considérable par un impôt de consommation qui,
d'après cette répartition, ne pèserait pas aussi
lourdement sur les classes peu aisées, lesquelles, au contraire, on ne le sait que trop, sont
plus directement atteintes en général par les
autres taxes municipales.

En résumé :

1° La Ville jouirait d'un revenu annuel de 12
millions, pouvant s'élever au besoin à 20 millions;

2° Les habitans de Paris n'auraient à payer
pour le service des eaux que 12 à 20 millions
par an, au lieu de 30 millions qu'il leur en
coûte actuellement ;

3° Ils paieraient cette consommation non d'a-
près la quantité distribuée, mais d'après la proportion des loyers des logemens, mesure qui
aurait pour effet d'alléger les charges des classes
peu aisées dans des proportions considérables.

4° Enfin tout le monde aurait de l'eau excellente et en recevrait beaucoup plus que par le
passé.

XVI

RÉSUMÉ DE LA QUESTION.

Nos lecteurs connaissent maintenant les divers projets de la préfecture de la Seine pour la dérivation vers la capitale, au moyen de coûteux aqueducs, des sources qui alimentent les contrées crayeuses de la Champagne, situées au sud de la Marne.

Ils connaissent aussi la résistance énergique des populations de ces contrées à une mesure dont le résultat serait de stériliser des plaines déjà en partie dépourvues d'eau.

La répugnance des Parisiens pour l'usage des eaux de source dont les effets leur sont inconnus, n'est pas moins notoire.

Les habitans de Paris sont habitués à l'eau de la Seine; ils la préfèrent à toutes les autres, quelque défectueuse et altérée que soit celle qu'on leur distribue. Ils réclament incessamment une mesure facile et peu coûteuse : la translation de toutes les prises d'eau en amont de Paris, point où, selon M. le préfet lui-même, la pureté de la Seine est irréprochable.

On se souvient que, dès 1785, Mirabeau reprochait à la Compagnie des eaux, qui installait les pompes de Chaillot, d'empoisonner la population en plaçant ces pompes au-dessous des déjections de la ville.

Tout récemment nous avons démontré l'insalubrité des eaux prises sous l'égout d'Asnières, à Saint-Ouen, pour l'alimentation de Montmartre. Sur les réclamations des habitans, l'administration, rendons-lui cette justice, s'est empressée d'améliorer cette prise d'eau en la reportant sur la rive opposée du fleuve, où l'eau est moins altérée.

L'incident de Montmartre a ravivé la question de l'approvisionnement général des eaux de Paris.

En présence des diverses opinions antérieurement produites sur ce sujet, en présence de l'enquête ouverte par la Préfecture pour le projet de dérivation de la Dhuis, nous avons dû traiter sommairement cette question importante des eaux alimentaires.

Nous avons cru devoir la placer au-dessus d'un simple intérêt local, quelque grand qu'il puisse être, et l'élever à la hauteur d'une question universelle, puisque sa solution intéresse toutes les populations qui consomment de l'eau, c'est-à-dire le monde entier.

Admettant, avec l'opinion la plus générale, confirmée par les faits, que l'eau des grandes rivières est, de toutes les eaux potables, la mieux appropriée à l'hygiène des populations, nous avons concentré l'examen du sujet sur trois points principaux : la *Clarification*, l'*Elévation*, la *Distribution*.

Clarification. Nous croyons avoir démontré que l'eau de la Seine peut être recueillie, *par voie de filtration souterraine*, dans des bass'ns de clarification, avant son entrée dans la ville, et qu'elle peut acquérir ainsi toutes les qualités recherchées dans les eaux de source, sans en avoir les défauts.

Élévation. Nous avons constaté que cette Seine, qui vient d'elle-même et sans frais offrir ses eaux aux Parisiens, possède aussi en elle-même bien au delà des forces nécessaires pour élever également sans frais ses eaux, désormais pures, limpides et fraiches, jusqu'aux sommets les plus hauts de Paris.

Et pour mettre ce procédé à l'abri de toute contradiction, nous appuyant sur l'autorité démonstrative des faits accomplis, nous avons proposé d'employer, pour cette élévation, des appareils hydrauliques semblables à ceux que M. Dufrayer a établis à Port-Marly.

Distribution. Enfin, quant au troisième point, celui de la distribution, nous avons indiqué qu'elle pouvait être faite au moyen de réservoirs refrigérens, établis dans la cave de toutes les maisons, d'où les eaux s'élèveraient à tous les étages sous la pression exercée par les grands réservoirs publics supérieurs. De cette manière, l'eau conserverait la température toujours égale des caves, 10 à 12 degrés, et ne serait, comme on dit, ni froide en hiver, ni chaude en été.

Et, comme solution financière de ce système de distribution, nous avons proposé d'en faire la base d'un grand revenu pour la Ville, à l'aide d'une taxe sur les eaux ainsi distribuées, taxe qui serait convertie en un abonnement égal à 2 centimes par jour et par tête d'habitant. Les Parisiens, dans ce système, recevraient en quantité quadruple une eau parfaite, excellente, et cette quantité leur coûterait deux fois moins cher que l'eau médiocre qu'on leur mesure aujourd'hui.

En même temps nous avons exprimé le vœu que cette ressource, représentant douze millions par an, fût appliquée pendant dix ans à l'amélioration des quartiers récemment annexés.

Les Parisiens comprennent maintenant toute la valeur des forces tenues en réserve par le beau fleuve qui baigne la grande cité.

La Seine *fournirait* l'eau. Ensuite, par son propre poids, elle *clarifierait, élèverait, distribuerait* cette eau.

En sorte que l'on peut dire que l'action cons-

tante de la Seine se ferait sentir dans toute l'é-
conomie du système, depuis la prise d'eau dans
la vallée, jusque dans la maison, jusque sur la
table de chaque habitant.

Les dépenses prévues pour ces trois opérations, la *clarification*, l'*élévation*, la *distribution*, sont tellement faibles devant la grandeur des résultats entrevus, qu'elles ne peuvent, en aucun cas, être un prétexte pour un
ajournement quelconque de leur adoption, sous
réserve toutefois d'une ample information qui
serait demandée au *concours public*.

Dans le cours de notre exposé, simple pré-
lude à l'examen de la question, nous avons en
effet reconnu, comme l'élément dominateur de
l'élaboration de ce grand problème, la nécessité du *concours public*.

En traitant les sujets de cet ordre, nous ne
faisons pas autre chose nous-même que nous
soumettre à ce principe. A l'aide des documens
qui, de toutes parts, affluent vers nous, après
avoir pris l'avis de personnes compétentes, nous
essayons de dégager de ce concert d'intelligences,
des propositions qui puissent se rapprocher de
l'expression formulée ou présumée de l'opinion
générale.

Si les propositions que nous émettons sont
parfois erronées, qu'on les réfute !

Si nous avançons des calculs inexacts, qu'on
les rectifie !

Si les faits que nous indiquons à l'appui de

nos argumens ne sont pas certains, qu'on les démente !

En soumettant nos idées à l'appréciation de nos lecteurs, nous n'avons aucun parti pris, si ce n'est celui de l'intérêt général et de la vérité !

Tel est notre procédé. Tel est celui qu'a suivi le gouvernement, quoique d'une manière incomplète, dans le concours pour le plan de l'Opéra. Pourquoi, dans la question des eaux, la ville de Paris ne placerait-elle pas aussi ses plans sous la sanction de l'opinion publique ? Redouterait-elle l'influence d'une trop grande masse de lumière ?

Les théories introduites à l'appui du projet de dérivation des sources ne supportent pas l'examen de la science. Elles sont en désaccord manifeste avec les lois les plus élémentaires de la géologie. Elles sont repoussées par le corps médical, qui voit, dans la substitution des eaux de source à celles de la Seine, le renversement des conditions hygiéniques d'une immense population.

Le projet préfectoral a pour contradicteurs la majorité des ingénieurs. Parmi ceux qui ont discuté publiquement ce projet, *tous l'ont condamné; pas un seul ne l'a défendu.* L'opinion générale se traduit assez exactement par cette phrase pleine de bon sens, extraite de la lettre d'un ingénieur en chef des ponts et chaussées, que nous devons nous abstenir de nommer: *Ce ne sont pas là*, dit cet ingénieur, *des pro-*

jets d'hommes raisonnables; ce sont des expédiens indignes d'une grande cité et d'une grande administration.

Il n'est pas probable que l'autorité municipale consente à s'isoler plus longtemps de l'opinion publique, en persistant, pour la satisfaction de quelques amours-propres engagés, dans ses projets de dérivation des sources, quelque restreints que soient devenus ces plans. Revenir d'une erreur serait au contraire une preuve de sagesse et de dignité. Le public tiendrait compte de ce fait à l'administration avec non moins d'empressement qu'il n'en a mis à lui savoir gré de la satisfaction qu'elle a donnée récemment aux habitans de Montmartre en améliorant leurs eaux.

Il est donc à espérer que le projet des eaux de Paris sera mis au concours public, comme l'a été le plan de la salle de l'Opéra. En attendant, et jusqu'à la solution complète de la question, nous ne cesserons d'en entretenir le public.

En terminant ce résumé, nous ferons part à nos lecteurs d'une observation caractéristique qui nous a été adressée par un homme de très haute valeur. *Vous avez un grand tort dans votre question des eaux de Paris.* — Ce tort, quel est-il? — *C'est que vous avez trop raison.*

DRAGAGE DE LA SEINE

DRAGAGE DE LA SEINE

APPROFONDISSEMENT DU LIT DE LA SEINE
DANS LA TRAVERSÉE DE PARIS.

Nous avons tout récemment signalé l'opportunité d'utiliser, pour l'élévation des eaux alimentaires de Paris, le barrage-déversoir qui se construit au Port-à-l'Anglais, en vue d'améliorer la navigation du fleuve. Nous avons établi qu'une chute d'eau de 3 mètres, jointe à une chute de même hauteur qui serait créée par un barrage analogue dans la Marne, suffirait surabondamment pour élever, par la seule force naturelle de ces deux rivières et sans avoir recours à la vapeur, toutes les quantités d'eau nécessaires à la consommation générale de Paris, en la supposant même quadruple de ce qu'elle est aujourd'hui. Nous avons insisté sur la convenance de mettre cet important sujet *au concours*, afin d'exciter la sagacité de tous les ingénieurs à fournir le plus fort contingent possible de lumière sur une question qui prime toutes celles dont peut s'occuper l'édilité parisienne.

La masse énorme de forces gratuites que l'élévation de ces barrages mettrait ainsi à la disposition de la Ville pourrait être de beaucoup accrue par l'adoption d'une mesure non moins importante pour l'assainissement de la capitale; nous voulons parler de *l'abaissement de l'étiage de la Seine* par l'approfondissement de son lit dans la traversée de Paris.

Abaisser de deux mètres l'étiage moyen de la Seine dans la traversée de Paris, cela équivaut exactement à l'exhaussement du sol entier de la ville, de cette même hauteur de 2 mètres au-dessus du plan d'eau du fleuve.

Cette opération placerait pour toujours les caves et les bas quartiers de Paris à l'abri de l'invasion des eaux pendant les crues de la rivière. Elle permettrait aussi de donner une course plus active à l'écoulement général des eaux. Elle débarrasserait le sol même de la ville de l'humidité permanente qui est la principale cause d'insalubrité du rez-de-chaussée des maisons. Elle donnerait une plus-value considérable à des milliers de propriétés dont les caves sont inondées ou malsaines. En un mot, elle placerait la capitale de la France dans des conditions d'assainissement qu'on n'obtiendrait jamais si on maintenait la surface du fleuve à son niveau actuel.

Il y aurait imprudence à voir sans inquiétude le resserrement du fleuve dans son passage à travers Paris. Malgré l'exaucement partiel des quais, les causes du danger sont bien plus graves qu'elles ne l'ont jamais été dans le passé ; tout le monde en comprendra le motif.

En effet, les progrès de l'agriculture, et surtout ceux de la voirie vicinale, ont introduit partout, à la surface du sol, mille perfectionnemens pour l'écoulement des eaux pluviales. Un meilleur curage des rigoles et des fossés permet à ces eaux, autrefois stagnantes dans les campagnes, de se rendre beaucoup plus vite aux rivières.

Pour que toute la partie basse de Paris fû submergée, que les caves et les rez-de-chaussée fussent noyés, il ne faudrait qu'une pluie ordinaire de quinze jours sur toute la surface du bassin de la Seine. Dans un cas pareil, si l'Yonne, l'Aube et la Marne, ses plus grands affluens, sortaient à la fois de leur lit, la plus grande partie de Paris serait sous l'eau.

Que l'on juge des conséquences d'un pareil désastre !

Bien que les chances d'une semblable éventualité soient rares, il suffit qu'elles existent pour que l'on doive s'en préoccuper sérieusement.

Si l'on pouvait, par une puissance magique, remblayer de deux mètres le sol de Paris, la ville serait pour toujours à l'abri de cette grande catastrophe.

Eh bien ! si l'opération d'abaissement de l'étiage moyen du fleuve, que nous proposons, équivaut en réalité à l'exhaussement de la ville, pourquoi ne pas la tenter ? Pourquoi ne pas en étudier d'abord la praticabilité ?

Nous croyons cette opération possible. Il suffirait pour cela d'approfondir de 2 mètres le fond de la Seine, à partir du pied du barrage du Port-à-l'Anglais, et cela en diminuant graduellement ce dragage jusqu'en aval de Saint-Denis. A ce point inférieur, un autre barrage serait établi pour maintenir à un niveau moyen la nappe d'eau traversant Paris.

De cette manière, les crues de la Seine dans la capitale s'élèveraient à 2 mètres moins haut que le niveau aujourd'hui atteint par les grandes eaux.

Pour assurer ce résultat, le barrage de Saint-Denis serait muni de larges portes qui seraient ouvertes dans les crues, afin de faciliter l'écoulement des grandes eaux.

L'approfondissement de 2 mètres du lit de la Seine dans Paris, depuis le Port-à-l'Anglais, et l'abaissement de la surface du fleuve dans la même proportion à partir de ce point, porteraient à 5 mètres la chute des barrages-déversoirs de la Seine et de la Marne en amont de Paris, précédemment prévue à 3 mètres.

On peut se figurer la masse prodigieuse de forces gratuites qui seraient ainsi acquises à la ville pour l'approvisionnement de ses eaux.

Cet approvisionnement, qui pourrait s'élever à 500,000 mètres cubes par jour, combiné avec la pente des égouts, profitant désormais des 2 mètres acquis par l'abaissement du plan de la Seine, pourrait être assez abondant et assez peu coûteux pour permettre à l'édilité de faire parcourir les rues et les égouts de Paris par un système de courant continu des eaux de la Seine.

Une portion notable du fleuve s'écoulerait ainsi par mille voies diverses à travers la ville, et rentrerait dans son lit par l'égout d'Asnières.

Ce projet d'abaissement du niveau moyen et régulier de la Seine, dans la traversée de Paris, est de nature à fixer l'attention des hommes compétens, et surtout celle de l'administration. L'exécution en sera coûteuse, sans doute, mais elle ne le sera jamais autant que la dixième, que la centième partie peut-être d'un sinistre tel que celui qui résulterait de l'inondation de Paris. D'ailleurs, on peut l'entreprendre progressivement et répartir ce travail sur dix ou vingt années.

Dans tous les cas, cette entreprise donnerai plus de gloire à ceux qui la réaliseraient et plu de profit aux Parisiens que les aqueducs de la Somme-Soude.

Si les travaux d'approfondissement du lit de la Seine sont coûteux, les avantages qui en résulteront pour l'assainissement de la ville et pour la navigation compenseront largement cette dépense.

Une autre compensation, qui serait acquise par surcroît, et que ne dédaigneront pas les personnes qui s'intéressent à notre histoire et à nos origines nationales, c'est la masse des trésors archéologiques que le creusement de la Seine peut mettre au jour. A en juger par les résultats partiels déjà obtenus, ces richesses artistiques et numismatiques, enfouies depuis des siècles dans le fleuve, sont immenses, non pas assurément au point de vue de leur valeur vénale, mais sous le rapport de leur valeur historique.

Ces précieuses trouvailles iraient enrichir les collections que possèdent nos musées, et dont le peuple de Paris s'est de tout temps montré si jaloux.

Nous laissons la parole à M. Edouard Fournier, notre collaborateur, pour ce qui concerne la question archéologique.

ÉPAVES HISTORIQUES DE LA SEINE
A PARIS.

On va chercher au loin des antiquités. De tous côtés, afin de découvrir quelque débris celtique, grec ou gallo-romain, on entreprend de laborieuses fouilles où l'on enfouit plus d'argent qu'on ne trouve d'objets curieux; et cependant, à Paris même, il existe une mine archéologique inépuisable, et jusqu'à présent presque inexplorée : c'est le lit de la Seine. Ce qui partout ailleurs est si long à découvrir et demande tant de peine, foisonne là, pour ainsi dire, et n'attend que quelques recherches sans efforts pour se prodiguer. Les hasards d'un *dragage* entrepris dans un tout autre but, et sur des espaces très restreints, ont suffi pour faire voir, par ce qu'ils ont produit, combien se cachent de richesses au fond de ce fleuve qui, depuis le temps où Paris était Lutèce, a reçu tant de choses précieuses et n'a rien rendu.

Puisque cette exploration de quelques partie
seulement du lit de la Seine, faite par hasard et
sans aucune des précautions qu'un désir intelligent de découvertes eût engagé à prendre, a, chaque fois qu'elle fut tentée, obtenu pour l'archéologie celtique, gallo-romaine, ou du Moyen-Age,
de très précieux résultats, que serait-ce donc si
on l'entreprenait dans des proportions vérita-
tables, c'est-à-dire sur tout l'espace parcouru par
le fleuve depuis le point où il entre dans la ville
jusqu'au-dessous de l'endroit où il la quitte, et
si l'on ne négligeait dans cette recherche aucun
des soins qui, jusqu'à présent, n'ont pas été pris !

Pour qu'on ait une légère idée, au seul point
de vue de l'archéologie, des découvertes qui en
résulteraient, nous allons dire quelques mots de
celles qui ont été déjà faites.

Nos musées se sont enrichis les premiers de
quelques-unes de ces fouilles. Celui de *Sèvres*
leur doit, par exemple, une de ses poteries gauloises ou romaines les plus rares. Le *Louvre*
possède une très curieuse statuette, étrusque
à ce qu'on pense, venant du fond de la Seine.
Au *Musée d'artillerie* se voit un angon franc de
la plus grande beauté, sorti du sable jeté par la
dragne sur un de nos quais. Au *Musée de Cluny*
existe une figurine en bronze représentant Mercure, qui n'a pas d'autre origine. On l'a trouvée
dans la Seine à Paris, en 1849.

Un sabre en bronze qui doit dater de l'époque
gallo-romaine, vient aussi du même fleuve, mais
c'est à Rouen qu'on l'a découvert. Au *Cabinet des
medailles,* on possède un grand nombre de monnaies gauloises ou gallo-romaines de bronze,

d'argent et d'or, que la Seine a, pendant vingt siècles, cachées dans ses sables. La collection de M. de Saulcy, la plus riche, certainement, en monnaies gauloises, doit aussi quelques-unes de ses pièces les plus rares à cette sorte de pêche miraculeuse. C'est non loin du Port-à-l'Anglais, près du confluent de la Seine et de la Marne, que les plus belles ont été trouvées. Elle ne sont pas toutes du même métal, la plupart toutefois sont en or ; mais il n'en est pas une qui n'ait sur sa face la trace profonde d'un coup de pointe d'épée. Pourquoi cette marque ? on ne sait ; mais il est probable que c'était pour indiquer que les pièces de monnaie qui la portent avaient été jetées en offrande à la divinité de la rivière de Marne, à la déesse *Matrona*, et qu'elles ne devaient plus, à cause de cette destination pieuse, être mises en circulation.

La collection de M. de Saulcy n'est pas la seule qui se soit enrichie de ces épaves de la Seine et de son affluent. Un respectable conseiller à la Cour de cassation, M. Jacquinot Godard, s'est fait tout un musée des débris exhumés du sable par la main des *ravageurs*.. Les bagues, les boîtes de fer, les monnaies, les instrumens de toutes sortes, appartenant à l'antiquité, au Moyen-Age, à la Renaissance, etc., y abondent. De gros anneaux romains, des méreaux, des jetons de corporation, des médailles religieuses, sont les objets qui s'y trouvent en plus grand nombre.

C'est aussi ce qui forme en partie la collection de M. Arthur Forgeais, la plus belle, et de beaucoup la plus considérable de toutes celles dont la Seine a fourni les élémens. Les armes de toutes sortes, depuis la hache en silex du Lutécien et la pierre de *jade* aiguisée, à laquelle une corne d'élan sert de manche, jusqu'à la hache de bronze du Celte, le glaive et le *contus* du Romain, ont pris place dans ce remarquable musée, sorti tout entier des sables du fleuve, exploré sur quelques points seulement de son parcours dans Paris. Aux armes se joignent les objets de parure : des anneaux, des plaques en bronze recouvertes d'or, des agrafes en or, en argent ou en alliage, de style romain, gallo-romain ou byzantin. La mythologie s'y trouve aussi représentée par des statuettes des grands dieux, un Mercure, une Minerve, un Hercule en bronze. Toute la partie antique de la collection de M. Forgeais sembla si curieuse et si intéressante à l'Empereur, dès qu'il l'eut vue, qu'il la fit acheter pour son cabinet.

Le moyen-âge et la renaissance sont chez M. Forgeais plus riches encore que l'antiquité. Ce que la Seine lui a fourni pour ces époques forme même la partie vraiment rare, disons-le, vraiment unique de sa collection. Bijoux de mille espèces et de métaux différens, poterie en terre ou en fer, agrafes de ceinture habilement ouvrées, pommeaux d'épée que l'on croirait ciselés par Cellini, rapières espagnoles du temps de la Ligue, dagues, *miséricordes*, fragmens de cottes de mailles ; puis auprès, des crosses épiscopales, des bâtons de chantre, etc., rien n'y manque. Mais ce que M. Forgeais a trouvé de plus introuvable, ce qui ne se peut voir véritablement que chez lui, c'est une collection d'objets en plomb qui eussent disparu, comme leurs pareils de même métal, si, en fidèle gardienne, la Seine, à laquelle la curiosité les a redemandés, ne les eût conservés dans ses sables.

Toute une imagerie populaire, aujourd'hui inconnue, l'imagerie des plombs historiés foisonne là sous ses innombrables aspects. M. Forgeais possède en ce genre plus de 3,500 pièces. Ce sont des *méreaux* de chapitre servant à faire entre les chanoines le partage de la prébende divisible; des jetons de corporation, portant sur la face l'image du saint du métier, et, sur le revers, les outils de la profession ou les objets du négoce. Ce sont encore des *Enseignes de pèlerinage*, figures ou médailles de plomb que les pèlerins portaient en souvenir de quelque saint voyage. La petite *Notre-Dame d'Embrun* que Louis XI portait à son chapeau était une de ces *enseignes*. Comme les pèlerins affluaient toujours à Paris, il n'est pas étonnant qu'on y ait trouvé en grand nombre ces traces de leur passage. On les logeait à l'Hôtel-Dieu, où beaucoup mouraient de fatigue et faute de soins. Quand ils étaient morts, on jetait par les fenêtres les pauvres petites médailles sans prix dont leur dévotion s'était parée; c'est ainsi qu'on a pu en trouver une certaine quantité dans la Seine, près du Petit-Pont, au-dessous des fenêtres de l'Hôtel-Dieu.

Aujourd'hui ces objets dédaignés trouvent en reparaissant un prix centuple au moins de celui qu'ils eurent jadis. Ce n'est pas, comme au temps dont parle Joad, l'or qui se change en plomb vil, c'est le plomb vil qui devient or.

Tout un coin du moyen-âge industriel et dévot

6.

s'est tout à coup dévoilé par les découvertes des plombs historiés de M. Forgeais. La Seine avec ses épaves inattendues a fourni de quoi reconstruire l'histoire de ce temps dans sa partie la plus inconnue. Elle garde encore, sans doute, le mot de bien d'autres énigmes destinées à rester lettres mortes si l'on n'entreprend avec le plus grand soin, sur tout le parcours du fleuve dans Paris, depuis le Port-à-l'Anglais jusqu'à Meudon, l'exploration, qui n'a jusqu'à présent été faite que sur quelques points trop rares, et avec trop peu de précautions.

Qui sait si, lorsqu'on serait parvenu à la hauteur de l'île Saint-Germain, au-dessus de Sèvres, près de laquelle tant d'armes brisées, en bronze et en silex, ont été déjà trouvées dans le fleuve, on n'obtiendrait pas, par la découverte de quelques autres débris du même genre, la preuve que la grande bataille du lieutenant de César, Labiénus, et du Gaulois Camulogène fut livrée de ce côté, et commença sur la Seine même, ainsi que le pensent quelques savans des plus autorisés ? On aurait ainsi la solution d'un problème des plus importans pour l'histoire de Lutèce, et qui peut sans cela rester à jamais insoluble.

RÉSERVOIRS

DES EAUX DE PARIS

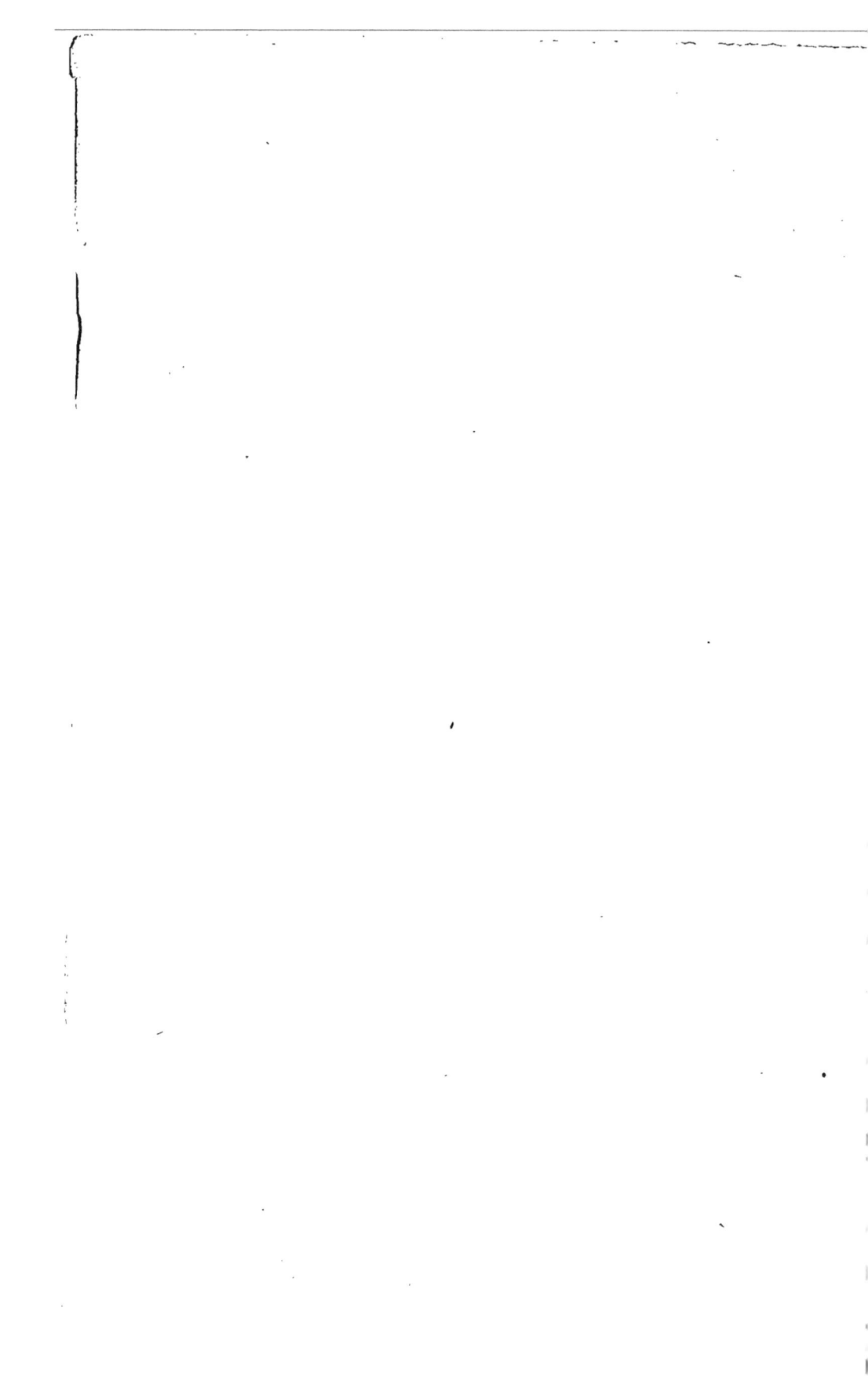

RÉSERVOIRS DES EAUX DE PARIS

VISITE AUX RÉSERVOIRS DE DISTRIBUTION
PAR M. LE DOCTEUR BOUCHUT.

Au moment où la population de Paris se préoccupe de la qualité des eaux qui lui sont distribuées, et en attendant qu'une volonté supérieure daigne ordonner l'application de la *mise au concours* de cet important sujet, il ne paraîtra pas sans intérêt de reproduire le compte-rendu d'un examen des réservoirs de Paris, fait à l'Académie par M. le docteur Bouchut, médecin de l'hôpital Sainte-Eugénie, et professeur de la Faculté de médecine.

Nous engageons nos lecteurs à suivre attenti-

vement, dans ce rapport, la description succes-
sive de l'état des réservoirs actuels de Paris. Ils
reconnaîtront, par cet examen, l'opportunité des
mesures que nous ne cessons de réclamer pour
abriter tous les bassins au moyen de voûtes
couvertes d'une épaisse couche de terre. C'est
en effet le seul moyen de préserver les eaux contre l'action de la lumière, qui y développe la
vie végétale et la vie animale, et devient ainsi
une cause incessante d'insalubrité.

De l'emmagasinement et de la salubrité des eaux de Paris.

Le pain et l'eau sont deux sources de bien-être matériel et de prospérité publique dont l'administration
cherche toujours à assurer l'abondance et la pureté.
Elles ne doivent être l'objet d'aucun soupçon dans
l'esprit des masses, et de nombreux exemples attes-
tent combien l'imagination populaire est prompte à
s'effrayer sur ce point. Tout ce que la science peut
faire pour seconder l'administration dans ses efforts,
il est de son devoir de le faire, et c'est dans ce but
que je propose différentes améliorations à introduire
dans le mode de distribution des eaux de Paris.

De nombreux mémoires ont été publiés, soit en
France, soit à l'étranger, pour faire connaître les
principes du choix et de la distribution des eaux potables. Il n'y a pas longtemps encore que, dans des
travaux fort remarquables, MM. Henry Boutron, Boudet et Poggiale, etc., ont fait part de leurs analyses
sur la composition de ces eaux. Mais en dehors de la
composition chimique d'une eau, de la variation de
ses élémens suivant les crues et le lieu de puisement,
il y a des recherches intéressantes à faire sur *l'emmagasinement des eaux et sur les altérations qu'elles peuvent quelquefois éprouver* dans leurs réservoirs par la
stagnation, l'influence de l'air et de la chaleur.

Le choix des eaux, leur conservation, leur distribution, leur influence sur la santé générale, sont donc pour une ville des choses de première importance, et, en ce qui concerne Paris, elles présentent dans leurs détails quelques particularités pleines d'intérêt.

Dans un excellent mémoire, intitulé : *Du choix et de la distribution des eaux dans une ville,* mon savant confrère M. Guérard résume en ces termes les qualités d'une eau potable : « Elle doit être limpide, tem-
» pérée en hiver, fraîche en été, inodore, d'une sa-
» veur agréable; elle doit dissoudre le savon sans
» grumeaux, être propre à la cuisson des légumes;
» elle doit tenir en dissolution une proportion con-
» venable d'air, d'acide carbonique et de substances
» minérales; enfin, elle doit être exempte de matières
» organiques. »

Si telles doivent être les eaux potables, et cela d'après l'autorité la plus compétente qu'on puisse choisir, voyons ce que sont les eaux de Paris.

Les conduites qui amènent l'eau chez moi y apportent par momens de l'eau trouble, chaude en été tellement remplie d'impuretés, d'infusoires vivans et et de matières organiques, que mes filtres en sont fréquemment obstrués. J'ai voulu remonter à la cause de cet inconvénient; j'ai recherché de quelle source me venait cette eau, et j'ai été ainsi amené à m'enquérir de toutes les provenances et de tous les réservoirs d'eau de Paris. Cette étude m'a démontré que si la qualité des eaux est bonne, il y a dans leur mode de distribution quelque chose qui laisse à désirer, qui favorise le développement des matières organiques, et qui appelle le contrôle de l'hygiène.

Loin de moi l'idée de mettre en doute le zèle ou la vigilance de l'administration, qui fait au contraire tous ses efforts pour assurer le service des eaux de Paris; mais le zèle qui n'est pas éclairé par la science peut quelquefois se tromper, et ce sont de simples observations scientifiques, pouvant avoir une application importante, que je suis venu présenter ici.

Nous employons à Paris des eaux de source et de rivière. Celles-ci sont les eaux de la Seine et du canal de l'Ourcq; les eaux de source viennent d'Arcueil, des Prés-Saint-Gervais en petite quantité, et des pro-

fondeurs du puits de Grenelle, en attendant que le
puits de Passy veuille bien nous donner les siennes.
D'après M. Guérard (mémoire déjà cité), il y en a environ 67 litres par jour en moyenne pour chaque habitant, proportion bien au-dessous de celle qu'il faudrait avoir, et qui doit être une moyenne de 100 à
200 litres. Ces chiffres, antérieurs au décret d'accroissement de Paris, et publiés en 1852, sont évidemment
la représentation d'une moyenne encore plus faible
aujourd'hui, et c'est pour obvier à cette pénurie que
tant de travaux se préparent actuellement, dans le
but d'augmenter le volume d'eau nécessaire à la population.

Ce que j'ai à dire ne concerne en rien la quantité
moyenne d'eau à donner aux habitans, ni la composition de ces eaux en elles-mêmes. Tout ce qu'on
pourrait dire à cet égard a été dit, et les analyses
multipliées, faites par plusieurs savans chimistes,
MM. Henry Boutron, Boudet et Poggiale, ne laissent
rien à désirer.

Je me bornerai donc à de courtes observations sur
l'emmagasinement des eaux, sur leur altération dans
les réservoirs, et sur les moyens d'y remédier. Quant
à l'influence de ces altérations sur la santé, outre
qu'elles ne sont pas très sensibles, je les indiquerai
sommairement et sans détails. En pareille matière il
me semble qu'on ne saurait apporter trop de réserve
dans l'exposition des faits. Il suffit d'indiquer l'altération possible de l'eau dans ses réservoirs pour faire
comprendre qu'il y a là une amélioration à introduire,
et il est inutile de rien ajouter pour faire croire à
l'existence de dangers qui n'existent pas et dont la
crainte pourrait exagérer la portée.

Si l'Académie veut bien me le permettre, je lui raconterai le résultat de mes visites dans les bassins et
réservoirs de la ville, d'où l'eau descend par de nombreuses conduites dans les bornes-fontaines de la rue
et dans les robinets de nos habitations.

Réservoirs Racine (1). — Les réservoirs Racine, con-

_____

(1) Visite par un temps chaud, orageux, et par le soleil.

struits par M. Mary il y a une vingtaine d'années, se trouvent dans la rue de ce nom. Ils sont à découvert, au nombre de trois, entourés d'habitations, les unes sans ouverture, les autres avec des fenêtres, à peine éloignées de deux mètres, d'où on peut jeter des ordures dans le premier bassin.

Au moment de ma visite, il s'y trouvait des morceaux de papier flottant à la surface.

D'un autre côté des bassins existent des arbres d'où tombent des feuilles, des graines et une quantité de chenilles.

Sur une autre face et à peu de distance, existe la cheminée d'une machine à vapeur, d'où retombent des masses de suie flottant à la surface de l'eau.

Ces bassins sont vidés tous les trois mois pour être nettoyés, et alors on trouve au fond une couche d'algues filamenteuses, noirâtres, épaisses de 4 à 5 centimètres. Les parois sont également salies par un dépôt assez épais. L'eau de ces bassins est souvent recouverte de masses brun-jaunâtre quelquefois très abondantes, et que le trop-plein enlève naturellement par les conduits de sortie.

Ces masses sont composées d'infusoires végétaux et d'animalcules en grand nombre mélangés à des détritus végétaux et à des matières salines amorphes.

L'eau, qui a une profondeur de 4 mètres, paraît sale, surtout sur les parois, et elle tient en suspension par momens des myriades de particules jaunâtres qui lui donnent l'apparence d'une émulsion épaisse semblable à de la boue. En retirant un seau de cette eau, on voit qu'elle est remplie d'êtres vivans.

Réservoirs du Panthéon (1). — Les réservoirs du Panthéon, au nombre de deux, également construits par M. Mary, sont à ciel ouvert et ont 4 mètres de profondeur, isolés de toute habitation. Leur eau paraît plus pure et n'est salie par aucune immondice du voi-

(1) Visite par un temps orageux, très chaud, et au soleil.

sinage. On les nettoie tous les trois mois, et l'on en retire une couche d'algues assez épaisse. Il en existe quelquefois, mais rarement, à la surface, et elles s'en vont avec le trop-plein. L'eau tient souvent en suspension une innombrable quantité d'êtres vivans qu'on prend à la cuillerée comme dans un potage. Il s'y développe quelquefois des poissons dont les germes ont dû traverser les corps de pompe de la machine de Chaillot pour remonter dans les bassins. On y a trouvé un poisson qui pesait plus d'une demi-livre, et qui a été remis à l'ingénieur.

Au-dessous de ces bassins, sous les voûtes qui les portent, existe un troisième réservoir couvert, qui reçoit le trop-plein des bassins de l'Observatoire, alimentés par l'eau d'Arcueil. Placée à une température assez basse et sans jamais recevoir l'action solaire, l'eau qui s'y trouve est d'une limpidité parfaite, très pure, sans aucun corps en suspension. Elle laisse déposer un peu de sulfate de chaux au fond des bassins, sous forme d'une couche blanchâtre peu épaisse.

Réservoirs Saint-Victor (1). — Il y a ici deux réservoirs placés à découvert, entourés de petits jardins et d'habitations peu éloignées. Ils ont été construits par M. Mallet. Leur eau se couvre assez souvent de moisissures qu'emporte le courant lorsque le bassin est trop plein ; elle est assez sale, et tient en suspension une immense quantité d'êtres vivans beaucoup plus petits que ceux du réservoir du Panthéon. On les nettoie tous les trois mois.

Réservoirs de l'Observatoire (2). — Ici les réservoirs sont couverts et placés au-dessous du sol. Il y en a quatre petits, peu profonds, très anciens, et un tout moderne, fort étendu, construit par M. Mary.

Alimentés par un aqueduc de quatre lieues partant

---

(1) Visite par un temps chaud, orageux, et sous le soleil.

(2) Visite par un temps chaud, orageux, et sous le soleil.

de Bungis, ils sont remplis par une eau de source connue sous le nom d'Arcueil. Cette eau a la limpidité du cristal; rien n'en trouble la pureté, et elle ne renferme jamais aucun infusoire végétal ou animal. Elle n'a d'autre inconvénient que de déposer au fond des bassins une côuche blanchâtre peu épaisse de sulfate de chaux. Franche et agréable au goût, sa saveur est moins douce que celle des eaux de l'Ourcq et de la Seine contenues dans d'autres réservoirs; mais au moins c'est de l'eau claire.

Ces eaux sont tellement calcaires, que d'anciens conduits de terre cuite ayant 20 centimètres de diamètre se sont, au bout d'une centaine d'années, incrustés d'une couche de sulfate de chaux épaisse de 6 centimètres.

Réservoirs de la rue de Vaugirard (1). — On trouve ici deux réservoirs découverts, entourés d'usines ayant huit cheminées à vapeur, d'où s'échappent des flocons de suie qui tombent sur l'eau. Ils n'ont pas été nettoyés depuis le mois d'octobre 1860, c'est-à-dire depuis sept mois. Leur eau est assez sale, et tient en suspension un très grand nombre d'animalcules extrêmement petits.

Par momens, il y en a de beaucoup plus volumineux, et en telle proportion, qu'ils passent par les conduits allant dans la cuisine des gardiens. C'est à ce point que, n'ayant point de fontaine à filtre, et prenant ainsi leur eau du réservoir, ils sont obligés de la passer sur un linge quand ils veulent boire sans manger. On y trouve quelquefois un assez grand nombre de petits poissons.

Réservoirs de Passy (2). — Placés auprès de l'ancienne barrière des Bassins, ces réservoirs, par leur mode de construction et par leur étendue, sont les plus beaux de la capitale. C'est M. Bellegrand qui les a construits. Ils sont au nombre de cinq et alimentés

(1) Visite au soleil, par un temps orageux.

(2) Visite par un temps chaud, le soir, après le coucher du soleil.

par la pompe à feu de Chaillot. Trois d'entre eux sont couverts, abrités contre la poussière et les rayons du soleil ; les deux autres sont à découvert.

Parmi ceux qui sont fermés, il y en a deux l'un sur l'autre, et l'on y descend par des escaliers eu fonte. Le plus superficiel n'est recouvert que d'un plafond peu épais, mince de 10 centimètres, blanchi au dehors pour réfléter les rayons solaires ; mais cette couverture n'est pas assez épaisse pour protéger l'eau contre la chaleur, et dans l'été, lorsqu'on pénètre dans ce bassin à moitié vide, il règne une chaleur étouffante et une odeur infecte.

Le troisième réservoir couvert se trouve au-dessous du quatrième, dont l'eau est exposée à toutes les impuretés d'une cheminée de machine à vapeur voisine. A côté se trouve le cinquième, également découvert.

L'eau des bassins fermés est assez claire et ne se recouvre presque jamais d'algues ni de moisissures. Elle ne renferme que très peu de *cypris*. Son dépôt est peu abondant, mais elle s'échauffe très facilement et exhale quelquefois une assez mauvaise odeur.

Des deux bassins ouverts, l'un a l'eau assez belle, n'ayant que fort peu de moisissures ou d'animalcules. L'autre, au contraire, a une eau salie par une grande quantité de moisissures noirâtres comme des excrémens, qui montent à la surface lorsqu'il fait sec, tombent au fond quand il pleut, ou s'écoulent avec le trop-plein du bassin. Il renferme une telle quantité d'animalcules que l'eau en est trouble.

Ces bassins ne sont vidés et nettoyés que deux fois par an.

Réservoir de Monceau (1). — A la barrière Monceau se trouve un vaste réservoir alimenté par les eaux du canal de l'Ourcq. On le met à sec deux fois par an pour le nettoyer. Son eau est belle, engendre peu de moisissures ni d'animalcules ; au fond existe un dépôt de vase épais de 6 à 8 centimètres.

_____

(1) Visité en été, le soir, après le coucher du soleil.

Réservoirs Popincourt (1). — Ici, dans l'enceinte même de l'abattoir, existent trois réservoirs, dont deux couverts alimentés par les eaux des prés Saint-Gervais et uniquement destinés à la consommation de l'établissement pour le lavage des dalles. Le troisième, fort petit, découvert, est alimenté par les eaux de la Seine et fournit une partie de la ville. On les nettoie à peine deux fois l'an. Les eaux de ceux qui sont couverts sont impropres à la boisson, à moins d'être mélangés d'eau de Seine. Elles sont assez claires, salissent peu les parois des réservoirs, se couvrent rarement de moisissures et ne renferment pas d'animalcules ni de crustacés.

Dans le troisième réservoir, au contraire, dont les eaux sont exposées à la lumière et à la chaleur, il y a de nombreuses moisissures et des masses incalculables de petits crustacés, qui sortent dès qu'on ouvre un robinet inférieur placé dans la cour de l'abattoir. Cela varie selon le temps. Parfois il en sort une telle quantité qu'on reçoit l'eau sur un linge propre, en guise de tamis, pour leur barrer le passage et pouvoir employer cette eau dans le ménage pour savonner ou laver les légumes.

Dans quelques cas, il n'y en a pas de petits, et, au contraire, il s'en échappe de très volumineux, cinq ou six dans un seau d'eau. C'est ainsi que j'ai recueilli ceux que j'ai l'honneur de vous présenter.

Au microscope, les moisissures recueillies à la surface de l'eau renferment un grand nombre de navicules, de paramécées, de matières calcaires amorphes et d'innombrables détritus organiques de crustacés.

Dans cette inspection des différens bassins de la ville et dans l'examen des eaux que des conduites de fonte distribuent ensuite dans Paris, il y a deux remarques à faire : la première est relative *aux eaux*, et la seconde *aux bassins*.

1º *Des eaux*. — Les eaux montées par les pompes de Chaillot, de la Gare, etc., ou conduites par des

_____

(1) Visité en été par un temps frais, couvert.

aqueducs et des forages souterrains, présentent des caractères tout différens en été et en hiver. Les analyses publiées par M. Poggiale dans le *Journal de Pharmacie* en sont la preuve. Dès que les chaleurs se font sentir, et dans l'arrière-saison, elles s'altèrent beaucoup, mais d'une façon différente, selon leur provenance, et dans chaque réservoir, selon qu'il est couvert ou découvert.

Elles présentent habituellement en été, à cette époque, par exemple, des altérations de *température*, de limpidité et de composition importantes. Elles sont chaudes et ont de 22 à 30 degrés. M. Coste, dans une communication récente à l'Institut, dit même leur avoir trouvé 35 degrés centigrades. On sait qu'à cette température elles ont une influence fâcheuse sur les voies digestives, influence que M. Guérard, dans sa thèse et dans son article du *Dictionnaire de Médecine*, a décrite en ces termes :

« L'eau tempérée prise en excès pendant les repas
» ou dans leur intervalle jette les organes digestifs
» dans une atonie remarquable, particulièrement
» pendant l'été, lorsque le corps est déjà épuisé par
» les sueurs abondantes qui le couvrent; les fonctions
» gastriques et intestinales ne s'exercent plus qu'in-
» complétement ; alors les alimens sont rejetés par le
» vomissement, qui persiste après leur entière expul-
» sion, et des flux dissentériques se manifestent ;
» quelquefois divers phénomènes, tels que crampes,
» viennent s'y joindre, et l'ensemble de tous ces
» symptômes offre une certaine ressemblance avec le
» choléra. »

Elles ont perdu leur *limpidité* par suite de la suspension d'algues, de matières salines, de détritus organiques, et quelquefois d'une grande quantité d'êtres vivans que je vais maintenant faire connaître.

On trouve souvent dans ces eaux, à la surface, quand il fait chaud, sur les bords du réservoir ou dans ses profondeurs, des *moisissures*, des *animalcules* ou des *crustacés*.

Cela n'a pas lieu dans les temps froids, ni en été quand le ciel est couvert. Ainsi, dans le même bassin où j'avais recueilli pendant un jour de soleil des myriades de crustacés avec un seau, je n'en ai pas trouvé le lendemain par un temps sombre. Ces êtres vivans viennent par bandes à la surface quand il fait chaud, et se déplacent ou rentrent dans les profondeurs quand la température s'abaisse. C'est de cette man ère qu'il faut expliquer l'intermittence de leur apparition dans les robinets de service correspondant à la partie inférieure des réservoirs.

Les *moisissures* se présentent sous forme d'écume jaunâtre ou noirâtre, mamelonnée. Elles flottent, et, s'il pleut, retombent au fond. Elles coulent aisément par le trop-plein d'eau, et se renouvellent avec rapidité.

Au microscope, on voit qu'elles sont formées d'infusoires végétaux et animaux, de matières calcaires et de débris de crustacés. A un grossissement de 300 diamètres, on découvre des *navicules*, qui s'avancent dans le sens de leur longueur, des *paramécies*, qui s'agitent en tout sens, ur autre infusoire en forme de bâtonnet, que je ne connais pas, et qui se meut dans son grand axe ; des *anguillules* et d'autres infusoires couverts de poils, s'agitant avec grande vitesse, puis des débris de crustacés, dont les dessins seront publiés plus tard.

Les animalcules et les êtres vivans qui peuplent ces eaux par myriades sont en telle quantité qu'on voit flotter dans quelques bassins de petits corps d'un blanc jaunâtre, gros comme des grains de semoule ou de gluten, dont la nature est difficile à reconnaitre au premier abord. On dirait des algues adhérentes aux parois du bassin ; mais si l'on puise, comme je l'ai fait au Panthéon, avec une cuiller à potage, ou rue Saint-Victor avec un seau, on voit que toutes ces particules se meuvent d'un mouvement très rapide et que ce sont des êtres animés. Toutefois, je le répète, ce n'est que par un temps chaud, et s'il fait soleil, qu'on observe ce que je viens de dire.

Au réservoir de la rue de Vaugirard et à Popincourt, il suffit quelquefois, mais cela n'arrive pas constamment, d'ouvrir un robinet de service pour soutirer avec l'eau du ménage une énorme quantité de ces animaux. C'est à ce point que les employés de ces réservoirs sont obligés de filtrer leur eau pour la rendre potable et pour l'employer au savonnage ou au lavage des légumes. Une fois, à Popincourt, j'ai retiré non pas de petits animalcules, mais d'énormes *crustacés* que j'ai recueillis et que je conserve dans de l'alcool.

Ces animalcules sont absolument semblables à ceux dont parle M. Guérard dans une note de sa thèse, et qu'on avait trouvés en 1842 dans le réservoir de Chaillot, après les plaintes des habitans de la rue de l'Arcade, qui voyaient sortir des robinets une eau fortement chargée d'animalcules. Le conseil de salubrité intervint, fit nettoyer les réservoirs de Chaillot, aujourd'hui abandonnés, ordonna de placer des filtres à la fontaine, et de cette façon arrêta les plaintes.

Ces animalcules, examinés à un grossissement de 50 diamètres, sont d petits crustacés du genre *Daphnis*, qui existent dans la Seine au mois d'août, qui se produisent et se détruisent très rapidement dans les grandes chaleurs, lorsque l'eau est à découvert, stagnante, exposée à la lumière et au soleil. Ces petits crustacés acquièrent un volume assez considérable, ainsi qu'on peut le voir par ceux que j'ai trouvés dans l'eau du bassin de Charonne. Au microscope, les plus petits, qui sont transparens, laissent voir les merveilles de leur organisation compliquée, le tube digestif rempli d'une matière verte, le mouvement des yeux et du cœur, les agitations de leurs pattes et leurs luttes les uns avec les autres.

Je le répète, ces crustacés et ces moisissures n'existent que dans l'eau des réservoirs découverts, et, sans rien garantir à cet égard, je dis seulement que je n'en ai trouvé que là. S'il y en a dans les autres, ils sont beaucoup moins nombreux. Il en est un cependant, celui de l'Observatoire, dans les caves remplies d'eau d'Arcueil, où il n'y en a pas et où je n'en ai jamais rencontré.

2° *Des réservoirs.* — Deux principes opposés ont inspiré la construction des bassins destinés à l'emmagasinement des eaux de Paris. Dans l'un, l'eau est à découvert, exposée à la lumière, à l'action du soleil, qui l'élève de 20 à 35°, à la poussière, aux détritus végétaux tombés des arbres voisins, comme aux réservoirs Racine ; aux flocons de suie de houille, comme on le voit sur les bassins Racine, Vaugirard et Passy. Dans l'autre, au contraire, l'eau est couverte et enfermée plus ou moins complétement, garantie contre les immondices de l'extérieur et les influences lumineuses ou solaires du ciel. Tel est le cas des eaux d'Arcueil, à l'Observatoire et dans l'étage souterrain des réservoirs du Panthéon, des eaux de la Seine, sur trois des bassins de Passy, et des eaux des Prés Saint-Gervais, sur deux des réservoirs Popincourt.

Eh bien ! les eaux de Paris, tout en ayant une origine semblable, ont une composition différente, suivant qu'elles ont séjourné dans l'un ou dans l'autre de ces réservoirs. *Pure* ou presque *pure* dans les bassins abrités contre l'influence des agers extérieurs, elle est souvent remplie pendant l'été *d'algues et d'infusoires végétaux et animaux, de détritus organiques* décomposés par les grandes chaleurs, et *d'innombrables crustacés vivans* dans les réservoirs qui sont à découvert.

Dans les réservoirs fermés, elle n'est entièrement pure, limpide, fraîche et sans aucune production végétale ou animale, que dans le souterrain des réservoirs du Panthéon et de l'Observatoire. En été comme en hiver, ses qualités sont toujours les mêmes, et c'est là le grand mérite des eaux d'Arcueil.

A Passy, les réservoirs fermés, récemment construits par M. Belgrand, ne sont pas souterrains ; ils sont élevés de 8 à 10 mètres au-dessus du sol et forment deux étages ; la voûte qui les couvre n'a que 10 centimètres d'épaisseur, et l'eau de Seine qui s'y trouve, tout en étant meilleure que dans les bassins découverts, laisse encore à désirer. Il est certain qu'elle renferme beaucoup moins d'algues, d'infusoires et de crustacés que celle du bassin voisin, qui est ouvert ; mais il s'en forme quelquefois également en été. Elle est un peu louche au lieu d'être limpide ; enfin elle s'échauffe avec plus de facilité encore que dans les bassins découverts, faute d'évaporation.

Quand, après une journée de service, ce bassin est à moitié vide, et qu'on y descend par l'escalier de

7

fonte construit à cette intention, on est presque suffoqué par la chaleur, qui est celle d'une étuve. Dans quelques circonstances, ainsi que me l'a dit M. Mary. inspecteur général des eaux, à la chaleur que j'ai constatée se joint une décomposition des matières végétales déposées sur les parois mises à sec par le retrait de l'eau, et soumises à une température qui hâte leur fermentation putride.

Toutefois, malgré cet inconvénient, il m'a semblé que l'eau de ce réservoir était préférable à celle des réservoirs voisins découverts. Je l'ai trouvée chaude, mais non altérée, et l'odeur infecte qui règne parfois dans ce bassin lui est étrangère et ne provient que des parois, inconvénient qu'on pourrait éviter avec des fumigations d'acide sulfureux.

Il est évident, en été du moins, que les eaux de Paris s'altèrent d'une façon inégale dans leurs réservoirs, et que celles qui sont emmagasinées à découvert sont moins bonnes que celles qui sont abritées contre l'air, la lumière et le soleil.

Parmi les eaux couvertes, celles qui sont en aqueduc et en réservoirs souterrains sont préférables aux autres que l'on garde en réservoirs couverts au-dessus du sol, sans voûte assez épaisse pour les protéger contre la chaleur.

Enfin, ainsi que cela résulte des renseignemens qui m'ont été fournis, les bassins ne sont pas assez souvent mis complétement à sec pour être lavés, grattés et débarrassés de tous les germes d'infusoires végétaux et animaux qu'ils renferment.

Au moment où je parle, le bassin de Vaugirard n'a pas été vidé depuis le mois d'octobre dernier, c'est-à-dire depuis sept mois. L'opération est dispendieuse, m'a-t-on dit, mais je ne puis rien garantir à cet égard; on ne la fait qu'une, deux ou quatre fois l'an, selon les réservoirs que j'ai visités. Il y a peut être là quelque chose à faire. On trouverait sans doute dans un excès de propreté le moyen d'empêcher pendant la saison chaude l'altération des eaux par les végétaux et animaux infusoires dont les débris putrifiés par l'élévation de température peuvent être nuisibles.

Ce serait peut-être aussi l'occasion d'employer de

temps à autre, comme anti-putride, et pour s'opposer
à la fermentation des matières végétales et animales
incrustées dans les parois des bassins, les fumigations
d'acide sulfureux que l'on emploie avec tant d'avantage pour la conservation du vin et de .a bière en
tonneaux, contre l'*oïdium* de la vigne et contre l'*a-
chorion* de la teigne.

Il suffirait de fermer les bassins mis à sec et bien
lavés avec une bâche sous laquelle on ferait brûler
pendant une heure une suffisante quantité de fleur
de soufre. L'opération ne serait ni bien dispendieuse
ni bien difficile. Elle ne saurait nuire aux qualités de
l'eau, et ce serait chose possible chaque fois qu'on
mettrait les bassins à sec pour les nettoyer.

Influence sur la santé. — Après cette exposition des
faits, il ne reste plus qu'à parler des conséquences de
l'altération des eaux de Paris pendant l'été, et sur la
nécessité d'y rémédier. Ainsi que l'a dit M. de Jussieu :

« La bonne qualité des eaux étant une des choses
qui contribuent le plus à la santé des citoyens d'une
ville, il n'y a rien à quoi les magistrats aient plus
d'intérêt qu'à entretenir la salubrité de celles qui servent à la boisson commune des hommes et des animaux, et à remédier aux accidens par lesquels ces
eaux pourraient être altérées, soit dans le lit des fontaines, des rivières et des ruisseaux où elles coulent,
oit dans les lieux où sont conservées celles qu'on en
dérive, soit enfin dans les puits d'où naissent les
sources. » (De Jussieu, *Hist. de l'Acad. des sciences*,
1733, p. 331.)

Il me suffira, je pense, d'avoir établi le fait de l'altération possible des eaux dans leurs réservoirs par
des matières végétales ou animales, pour faire pres-
sentir l'influence que peut avoir ce mélange sur certaines affections des voies digestives observées à Paris
pendant l'été et durant l'automne; je n'insisterai pas
sur ce point, qui sera peut-être de ma part l'objet
d'une nouvelle communication. Je raconterai seulement ici un fait qui prouve l'avantage des eaux de
source de Paris sur les eaux de rivière, trop faciles à
s'altérer. Dans le quartier de Sèvres, où j'ai longtemps

pratiqué comme médecin du bureau de bienfaisance, pendant l'été la diarrhée régnait souvent d'une façon presque épidémique. Beaucoup de médecins supprimaient alors l'usage de l'eau de Seine et envoyaient chercher de l'eau du puits artésien de Grenelle. Cela suffisait pour remettre les voies digestives en bon état.

Ce n'était que de l'eau pure remplaçant une eau altérée par l'addition de matières organiques en fermentation. Au reste, les eaux du puits de Grenelle ont encore une autre qualité qui les rend précieuses pour es habitans. Prises à la sortie du tuyau, elles sont ferrugineuses, colorent en jaune clair le cristal blanc qu'on y laisse séjourner pendant quelques jours, et le transforment en verre de Bohême safrané. Elles sont excellentes contre la chlorose, et par elles quantité de personnes ont été guéries de cette affection.

En résumé :

1º Si les eaux de Paris ne sont pas assez abondantes, elles sont de bonne qualité ;

2º Les eaux d'Arcueil et du puits artésien s'altèrent moins que les eaux de l'Ourcq et de la Seine ;

3º Certaines eaux s'altèrent rapidement en été par la formation rapide de *navicules,* d'*oscillaires,* de *paramécies,* d'*anguillules,* de *daphnis,* etc., dont les débris entrent en fermentation sous l'influence de la chaleur et des orages ;

4º Les eaux qui s'altèrent par la décomposition de matières végétales et animales sont celles qui sont emmagasinées à découvert et qui reçoivent avec les impuretés de l'atmosphère l'influence de la chaleur et de la lumière solaire ou diffuse ;

5º Ainsi que l'a déjà établi M. Guérard (1), les eaux dont on veut conserver la fraîcheur et la pureté doivent être être recueillies dans des réservoirs fermés ;

6º Il ne suffit pas d'abriter les réservoirs au moyen d'un toit, il faut les rendre souterraines, et s'ils sont au-dessus du sol, les recouvrir d'une voûte épaisse

(1) Mémoire cité.

qui empêche leur échauffement par les rayons solaires;

7º Les réservoirs doivent être mis à sec, lavés et désinfectés au moins tous les mois pendant la saison chaude;

8º Dans l'état actuel, les bassins pourraient être recouverts d'une double voûte : la première peu épaisse, au-dessus de l'eau, pour l'abriter de la lumière, de l'air et du soleil; la seconde plus mince, distante d'un mètre, pour empêcher la première d'être échauffée par le soleil;

9º On peut obtenir la désinfection des réservoirs mis à sec en les couvrant d'une bâche en toile et en y brûlant du soufre, dont les vapeurs empêchent la fermentation des algues et des débris d'infusoires végétaux ou animaux.

10º Enfin, il serait heureux qu'à l'exemple de certaines localités, des galeries filtrantes ou des filtres pussent être placés dans tous les bassins de la ville.

Après la lecture de ce compte-rendu, fait avec tant d'impartialité par un professeur de la Faculté de médecine de Paris, on peut se convaincre à quel point nos réclamations étaient fondées, lorsque si souvent nous insistions sur l'utilité de VOUTER LES RÉSERVOIRS et de RECOUVRIR LES VOUTES D'UN ÉPAIS TABLIER DE TERRE pour isoler l'eau des influences atmosphériques.

Quel que soit le système qui sera adopté par la suite pour l'approvisionnement des eaux de Paris, il est de toute urgence, en attendant l'étude et l'adoption de ce système, de *faire voûter sans délai* tous les bassins actuels, et de les mettre ainsi à l'abri de la chaleur et de la lumière, qui, comme on le voit, provoquent avec tant d'énergie dans ces bassins le développement de la vie animale et végétale.

L'inspection de M. le docteur Bouchut démontre en effet que, partout où les bassins sont découverts, la fermentation organique se déclare avec une activité prodigieuse; que, partout où ils sont voûtés et isolés de la lumière, l'eau n'éprouve pas cette altération.

Il résulte en outre du même rapport que le service des réservoirs actuels est dépourvu de ces soins de propreté et de salubrité qui sont indispensables pour l'approvisionnement d'une grande cité.

Une telle négligence est regrettable de la part d'une administration qui dispose d'agens très nombreux, et nous sommes convaincu qu'il suffira de la signaler pour la faire cesser. N'est-il pas évident qu'avec un pareil régime il n'est aucune espèce d'eau, soit qu'on la prenne dans la rivière, soit qu'on l'emprunte à des sources, qui puisse résister aux causes d'altération provenant du mauvais état des réservoirs actuels? On les alimenterait avec de l'eau distillée, que pendant les chaleurs cette eau, par son exposition à la lumière, se corromprait également.

Lorsque récemment nous avons reproduit les plaintes des habitans de Montmartre sur la mauvaise qualité des eaux qui leur étaient distribuées, plaintes dont l'administration, nous devons lui rendre cette justice, a reconnu la légitimité en améliorant la prise d'eau de Saint-Ouen, nous étions loin de penser que la même négligence pouvait régner dans le service général d'emmagasinement de toutes les eaux de Paris.

Au lieu de prendre les eaux de Seine au pont d'Ivry, où, de l'avis même de M. le préfet, elles sont si pures, on sait qu'une notable partie de ces eaux est recueillie à Chaillot, au-dessous de Paris.

Eh bien! comme si cette cause d'altération n'était pas déjà assez fâcheuse, on emmagasine les eaux dans des bassins découverts, exposés à toutes les influences délétères, avec tous les fermens propres à y développer ces myriades d'animalcules qui y pullulent à tel point que, selon le rapport du docteur Bouchut, on pourrait les prendre à la cuillerée comme dans un potage !

Il faut en vérité que cette eau de Seine soit bien bonne, douée elle-même de qualités bien excellentes, pour que, malgré toutes les causes d'altération auxquelles elle est soumise, la santé des Parisiens n'en soit pas plus éprouvée!

Que serait-ce si cette eau de Seine leur était distribuée pure; si elle était prise au-dessus de Paris, filtrée à travers des bancs de gravier, et emmagasinée fraîche dans des réservoirs privés de lumière?

En attendant que l'on puisse distribuer de meilleures eaux, il importe de ne pas augmenter encore, par une organisation défectueuse des réservoirs, l'impureté de celle qui se distribue aujourd'hui.

En résumé, les différentes eaux qui se distribuent actuellement dans Paris sont incontestablement de qualité médiocre. Dans la saison des chaleurs, ces eaux deviennent même malsaines, à cause de leur séjour trop prolongé dans des réservoirs découverts.

La mesure la plus urgente dont la Ville, à notre avis, doit s'occuper, est donc de couvrir tous ses réservoirs d'une voûte épaisse, doublée de terre, qui maintiendra les eaux dans une obscurité complète, à l'abri du froid en hiver et de la chaleur en été. Elles seront ainsi préservées des causes d'altération que nous regrettons d'avoir à signaler aujourd'hui.

INCIDENT

DES EAUX DE MONTMARTRE

INCIDENT DES EAUX DE MONTMARTRE

I

BATIGNOLLES-MONTMARTRE.
VISITE A LA PRISE D'EAU DE SAINT-OUEN.

Les idées que nous avons émises sur l'approvisionnement des eaux de la capitale ont rencontré beaucoup d'adhésions. Des plaintes très nombreuses des habitans de Montmartre constatent l'incroyable insouciance qui règne dans le service actuel des eaux de cet arrondissement.

Ces plaintes, bien des fois réitérées sans qu'il y ait été fait droit, accusaient des faits tellement graves, que nous avons cru devoir les vérifier, avant de nous en faire de nouveau l'écho.

Nous sommes allé nous-même visiter à Saint-Ouen l'état de la prise d'eau de Seine qui alimente les populations de Batignolles, de Montmartre, de la Chapelle et d'autres localités adjacentes, c'est-à-dire environ 200,000 habitans.

C'est avec une affliction profonde que nous avons reconnu, en présence de plusieurs personnes notables, que la prise en rivière du tuyau d'alimentation desservant l'usine élévatoire de Saint-Ouen, n'est située qu'à 12 mètres environ du rivage, distance encore raccourcie par une rupture existant dans ce tuyau.

Cette prise d'eau s'effectue donc en plein sous la décharge du grand égout collecteur d'Asnières, qui débouche à un kilomètre en amont.

Or, on sait ce que c'est que l'égout collecteur d'Asnières : c'est le canal souterrain de vidange de Paris, lequel doit recevoir bientôt aussi tous les égouts de la rive gauche. En sorte que la bouche de vidange d'Asnières déchargera sur ce point dans la Seine les immondices d'une population de quinze cent mille individus.

Cette grande dérivation souterraine fait honneur sans doute à la sollicitude de l'édilité parisienne. Prolongée vers un point de beaucoup inférieur aux bouches des anciens égouts, cette voie d'assainissement a permis de répartir une pente notablement plus grande sur tout le système d'émission.

Mais i était du devoir de l'administration, avant de mettre ce canal en service, de prévenir le trouble profond que sa présence devait apporter dans l'approvisionnement d'eau destiné aux 200,000 habitans des dix-septième et dix-huitième arrondissemens. Il suffisait provisoirement, comme on en a reconnu la nécessité, de prolonger le tuyau de prise d'eau à travers la rivière jusqu'à 50 m. environ de la rive opposée, où l'eau est moins altérée; expédient palliatif qui eût été à peu près supportable jusqu'à ce qu'une prise d'eau nouvelle ait pu être établie au-dessus même de Paris.

On n'a rien fait; et la prise d'eau qui alimente 200,000 Parisiens contiue de fonctionner dans une nappe impure et vaseuse, alimentée par les ordures que vomit le grand égout d'Asnières. Ce flot de matières fétides coule bien distinct sur une largeur de 20 à 30 mètres, le long du rivage de la Seine, dont les eaux semblent se refuser pendant plusieurs kilomètres de parcours, à tout mélange intime avec cette bourbe empoisonnée.

C'est ce dégoûtant liquide plus ou moins filtré, que boivent tous les jours les habitans des quartiers de Batignolles et de Montmartre. Nous n'avons pas goûté à une eau que nous regardons comme un véritable poison. Il nous a suffi d'en constater l'aspect et l'odeur.

Nous devons faire remarquer qu'au moment de notre visite, les eaux de la Seine étaient

très hautes, et que cependant on les distinguait
parfaitement des eaux grasses et huileuses qui
coulaient sur le bord. On peut dès lors se figurer ce qu'il adviendra vers la fin de l'été, au
retour des chaleurs, lorsque les eaux du fleuve
seront très basses, quand on songe qu'alors le
tribut des égouts n'est pas moins abondant.
N'est-il pas évidemment impossible qu'on ne
voie se reproduire avec un redoublement d'in-
tensité des affections morbides, qui ont déjà été
signalées dans les étés précédens.

Ces craintes sont fortifiées par les affirmations de plusieurs ouvriers, lesquelles certes ne
sauraient être suspectes. Tous nous ont déclaré
que, lorsqu'ils travaillent les bras nus dans cette
eau, leur peau se couvre le lendemain de rou-
geurs et de démangeaisons qui se prolongent
durant quelques jours.

Sans doute, le magistrat éminent qui dirige
l'édilité parisienne ignore ces faits; car il est
trop intelligent et trop humain pour les tolérer
plus longtemps, s'il les connaissait. Voilà pourquoi nous le supplions de faire, comme nous
l'avons fait nous-même, une visite à la prise
d'eau de Saint-Ouen.

Quant aux personnes qui sont chargées de ce
service, nous ne les connaissons pas, et nous
préférons ignorer à qui peuvent s'adresser nos
critiques; mais si la peine du talion pouvait
avoir quelquefois sa raison légime, et ce serait
peut-être ici le cas, nous ne souhaiterions pas

à ces agens d'autre punition que celle d'être condamnés à boire exclusivement de l'eau de Saint-Ouen jusqu'à ce que le mal signalé ait été réparé. On les verrait alors travailler avec ardeur à cette réparation, et cela au grand contentement du public.

Nous avons proposé récemment un moyen d'assurer l'approvisionnement des eaux de Paris aux conditions les plus économiques et sans apporter aucun trouble dans les habitudes séculaires des Parisiens. Ce moyen consisterait dans l'élévation de l'eau de Seine par la Seine elle-même, en utilisant les puissantes chutes que produiront les barrages entrepris en amont de Paris pour la navigation.

En indiquant ce moyen, nous n'avons pas la prétention d'en faire prévaloir l'adoption de préférence à tout autre qui serait reconnu meilleur. Loin de là, nous avons émis le vœu que cette question fût mise au concours. Nous ne cesserons de renouveler ce vœu, persuadé qu'une sage administration ne saurait persister indéfiniment dans un parti pris préalable, et qu'elle doit toujours céder à l'évidence sous la pression de l'opinion publique. Témoin le système de concours si heureusement mis en œuvre pour l'Opéra.

Aussi espérons-nous que ce système de concours sera adopté pour l'étude et l'exécution de toutes les grandes entreprises d'utilité publique, telles que l'approvisionnement des eaux, la création des nouveaux cimetières, les abattoirs, etc.

Le concours public donne le dernier mot de la puissance collective des intelligences; il correspond tout à fait aux exigences des aspirations modernes et nous paraît être la source la plus féconde du progrès.

II

Les faits que nous avons signalés dans le précédent chapitre, relativement à la négligence qui préside au service des eaux dans les arrondissemens de Batignolles et de Montmartre, reçoivent une nouvelle confirmation de la lettre suivante que nous recevons d'un habitant de ces quartiers :

De nombreuses plaintes sont portées par les habitans contre les eaux qui leur sont distribuées.

La commission de salubrité du 18e arrondissement charge son secrétaire de lui faire un rapport sur l'état de ces eaux : ce rapport est, le 26 juin 1860, remis et lu à la commission, qui en ordonna l'envoi immédiat à l'autorité supérieure, en appelant toute son attention sur les faits graves qui lui étaient signalés.

Dans ce rapport il est dit :

« 1° Que la bouche de l'égout collecteur et la pompe à feu destinée à envoyer l'eau de la Seine dans les 17e

et 18e arrondissemens, étant placés, cette dernière en
aval, à peu de distance l'un de l'autre;

» 2º Que le tuyau aspirateur de la pompe à feu
ayant été posé à douze mètres seulement de la rive,
c'est-à-dire en *plein courant* des eaux de l'égout collecteur,

» Il résulte en conséquence :

» Que les eaux distribuées aux nombreux habitans
des 17e et 18e arrondissemens contiennent une grande
quantité de matières organiques, sont infectes, insalubres, et doivent très certainement être la cause de
nombreuses maladies chez les jeunes enfans surtout,
telles que diarrhées, angines couenneuses, etc..... »

Depuis l'envoi de ce rapport, *six mois* se passent et
aucun remède n'est apporté par l'autorité aux maux
qui lui sont signalés.

Mais un jour le journal la *Patrie* s'indigne à juste
titre de cette insouciance de l'autorité pour la santé
de deux cent mille personnes, et alors seulement l'autorité s'émeut et annonce que le tuyau aspirateur de
la pompe à feu de Saint-Ouen va être prolongé de
160 mètres, et porté sur le bord de la Seine opposé à
celui où se trouve le courant de l'égout collecteur.

Promesse oubliée bien vite!

Les choses n'ont pas changé. Elles sont encore dans
l'état où le secrétaire de la commission d'hygiène les
a vues il y a dix mois..... si ce n'est qu'il s'est opéré
depuis, tout près de la rive, une solution de conti-
nuité dans le tuyau aspirateur, de sorte que cette partie brisée du tuyau, *reposant sur un lit plus épais de
matières organiques, l'eau aspirée se trouve encore plus
chargée de ces matières qu'auparavant.*

Le secrétaire de la commission d'hygiène, prenant
à la lettre le mandat qui lui a été donné et qui a pour
but de signaler à l'autorité toutes es causes d'insalubrité qui lui apparaissent et en vertu du pouvoir
dont il est investi, s'est présenté il y a un mois à l'administration des eaux du 18e arrondissement; il de-
manda à visiter les réservoirs et exigea qu'il lui fût
remis un échantillon d'eau.

L'entrée de l'établissement lui fut refusée. Il s'en
alla immédiatement requérir l'assistance de M. le

commissaire de police, qui s'empressa de mettre deux de ses agens aux ordres du secrétaire de la commission.

Nouveau refus d'ouvrir les portes !

Deux procès-verbaux constatent cette résistance à l'autorité; l'un fut fait par M. le commissaire de police, l'autre par le secrétaire de la commission.

En pareil cas, et alors qu'il s'agit d'un établissement particulier signalé comme insalubre, un commissaire de police passe outre et fait briser les portes qu'on refuse de lui ouvrir.....

Mais l'administration des eaux appartient à la ville de Paris. Il s'agit donc ici d'un conflit entre le préfet de police et le préfet de la Seine, et l'agent du premier, malgré l'indignation dont il était animé, n'a pas osé passer outre !

Telle est la vérité sur cette grave et très déplorable affaire.

On se demande avec anxiété si l'insouciance de la préfecture de la Seine pour la santé de 200,000 habitans aura bientôt un terme.

Pour que justice soit faite à tous, disons que la commission d'hygiène du 18e arrondissement, M. le préfet de police, ainsi que le commissaire de police de cet arrondissement, ont tous dignement fait leur devoir....., mais que malheureusement on n'en saurait dire autant de l'administration municipale, à laquelle incombe toute la responsabilité de cette affaire.

Veuillez agréer, monsieur, etc.

HENRI ARRAULT

III

ÉGOUT D'ASNIÈRES.
RÉPONSE A LA NOTE DU MONITEUR.

« ... Que les abus dans la société ou
» dans le gouvernement soient mis à
» jour, que les actes de l'administration
» soient discutés, que les injustices
» soient révélées, que le mouvement des
» idées, des opinions et des sentimens
» contraires vienne éveiller partout la
» vie sociale, politique, commerciale et
» industrielle. Qui pourrait raisonnable-
» ment s'en plaindre? »
. . . .
« ... Je ne consulterai aucune conve-
» nance particulière, de quelque part
» qu'elle se produise, pour les résolu-
» tions que j'aurai à prendre dans le
» but de favoriser sans cesse davantage
» dans notre pays l'acclimatation, si je
» puis ainsi dire, des habitudes de dis-
» cussion. »
(Circulaire de M. le comte de Persigny,
ministre de l'intérieur aux préfets.
— Moniteur du 8 décembre 1860.)

Les faits signalés dans les précédens chapi-
tres, sur les eaux de Montmartre, ayant éveillé

la susceptibilité de l'administration, les explications suivantes parurent, le 10 avril, dans une note anonyme du *Moniteur*, note que nous reproduisons, et dont nous commenterons ensuite les termes :

Le journal la *Patrie*, dans son numéro du 8 avril, signale à l'attention publique les causes d'insalubrité dont, suivant el e, les eaux de la Seine, distribuées aux populations des 17e et 18e arrondissemens, seraient infectées, par le fait de l'égout d'Asnières.

Il importe de rectifier, sans aucun retard, ses assertions à cet égard, qui sont aussi imprudentes qu'inexactes.

La grande galerie souterraine qui conduit à la Seine, en aval du pont d'Asnières, les eaux des égouts de la rive droite, précédemment déversées dans le fleuve au-dessous du pont de la Concorde, a été mise en service dès le mois de mars 1859. Depuis cette époque, on n'a pas observé que les eaux puisées, à près de trois kilomètres plus bas, par la machine de Saint-Ouen, aient subi aucune altération appréciable.

Les pompes de Chaillot, situées à un kilomètre seulement du grand déversoir de la Concorde, étaient, il y a deux ans à peine, dans des conditions bien plus mauvaises, et cependant, c'est dans ces conditions que, pendant bien longtemps, elles ont alimenté la population de Paris, sans que la santé publique en ait jamais souffert.

La Ville ne dispose que depuis le 1er janvier dernier de la machine de Saint-Ouen, qui appartenait précédemment à la Compagnie générale des Eaux, concessionnaire du service de toute la banlieue. En rachetant à cette compagnie son privilége, afin de pouvoir distribuer l'eau dans les territoires récemment annexés à Paris, au prix très bas du tarif parisien, la Ville a reçu tous ses établissemens dans l'état où ils étaient. L'eau que la machine de Saint-Ouen puise en Seine depuis lors est celle qu'elle y puisait avant le 1er janvier dernier. La population que cette machine dessert est la même qu'auparavant. Com-

ment donc l'eau que la *Patrie* laissait distribuer sans
mot dire, à cette population, depuis deux ans que
l'égout d'Asnières est en service, serait-elle devenue
tellement pernicieuse, du jour au lendemain, qu'il
fallût sonner l'alarme comme ce journal vient de le
faire.

Assurément, ce ne peut être parce que la propriété
de l'établissement a passé des mains de la Compagnie
générale des Eaux dans celles de la Ville. Quelque
disposé qu'on puisse être à trouver mauvais tout ce
que fait ou régit l'édilité parisienne, on ne saurait
pousser jusque-là le parti pris. L'abaissement du tarif
des abonnemens, seul changement qu'ait subi et pu
subir en quelques mois l'ancien état des choses, ne
doit pas davantage être considéré comme un grief
contre l'administration municipale.

Cette administration, qui n'a négligé jusqu'à présent aucun moyen d'améliorer le régime des eaux de
Paris, et qui, pour doter enfin la capitale de l'Empire
d'une distribution vraiment digne d'elle, lutte courageusement contre tous les obstacles que l'esprit de
contention et de dénigrement lui suscite, ne manquera certainement pas de faire pour les populations des
17e et 18e arrondissemens ce qu'elle a déjà fait pour
celles de l'ancienne ville.

Si en établissant la galerie d'Asnières, dont le rôle
est, avant tout, d'affranchir les quartiers bas de Paris
de toute inondation, elle a purifié la prise d'eau des
machines de Chaillot ; si, à la même époque, elle a
reporté au pont d'Austerlitz les machines du Gros-
Caillou, qui étaient en aval du point où se déversent
en Seine les déjections de l'hôtel des Invalides et de
l'abattoir de Grenelle ; si elle a mis en chômage la
machine de Clichy, qui était trop rapprochée du débouché de l'égout d'Asnières, elle n'a pas besoin d'être
incitée à préserver la prise d'eau de Saint-Ouen de ce
qui peut être pour la population des 17e et 18e arrondissemens, sinon une cause réelle d'insalubrité,
du moins une raison de répugnance plus ou moins
fondée.

Déjà l'on pose aux abords des Batignolles et de la
Chapelle des conduites destinées à relier les distri-

butions de ces localités à celles de l'ancien Paris, et un projet de travaux semblables, à faire dans l'ensemble de la banlieue suburbaine, vient d'être approuvé.

D'un autre côté, dès que la crue du fleuve aura cessé, on prolongera la prise de la machine de Saint-Ouen jusqu'en un point où l'eau de la Seine soit à l'abri de tout soupçon de mélange avec celle de l'égout d'Asnières. Les tuyaux nécessaires à ce travail sont tout approvisionnés.

Enfin, l'administration municipale s'occupe depuis plus d'un an d'épurer les eaux mêmes de l'égout d'Asnières, dans le double but de diminuer les inconvéniens qu'elles peuvent avoir pour les riverains du fleuve et de recueillir les engrais précieux qu'elles contiennent. Aujourd'hui, on est parvenu à arrêter les corps flottans, les fumiers et débris de toute sorte, c'est-à-dire les matières putrescibles qu'elles entraînent. Bientôt, les sables seront dragués d'une matière constante dans l'intérieur de l'égout, et ce n'est pas le dernier mot des ingénieurs.

Si, avant de jeter dans le public des assertions inquiétantes, l'auteur de l'article de la *Patrie* avait pris la peine de s'informer du véritable état des choses, il aurait su tout ce que fait l'administration municipale pour améliorer provisoirement le service des eaux de la ville, en attendant l'entreprise de grands projets qu'elle a étudiés avec persévérance depuis plus de sept ans, et dont la réalisation peut seule donner une satisfaction complète aux besoins d'une cité telle que Paris.

Au reste, ce qui est arrivé à la machine de Clichy, aujourd'hui en chômage, et ce que l'on craint avec moins de raison pour celle de Saint-Ouen, prouve combien il est plus sage d'assurer l'alimentation d'une grande cité en eaux de sources dérivées que de demander (à plus grands frais d'ailleurs) cette alimentation à un fleuve dont l'eau est toujours sale où qu'on la prenne, dont la température est incessamment variable, et dont le régime peut être modifié, au moment où l'on s'y attend le moins, par des circonstances imprévues. Un fleuve n'est, en effet, qu'un

égout découvert plus ou moins chargé d'impuretés
et que l'accroissement incessant des populations, et
surtout des usines bordant ses rives, condamne à un
accroissement parallèle des causes qui altèrent fatalement ses eaux.

Cette note, loin d'infirmer les faits énoncés
par la *Patrie*, les confirme pleinement. Nous en
rappelons les principaux paragraphes.

« Il importe de rectifier, sans aucun retard, ces as-
» sertions de la *Patrie* à cet égard, qui sont aussi im-
» prudentes qu'inexactes. »

Imprudentes, pourquoi ? Prétendrait - on,
comme on l'a dit, que nous aurions cherché à
ameuter les populations aigries contre l'administration ? Est-ce bien sérieusement que l'on
pourrait nous adresser, *à nous*, un pareil reproche ? Que l'administration, dans sa mauvaise
humeur, ne s'en prenne donc qu'à elle-même
du juste mécontentement des populations, mécontentement qu'un peu de vigilance eût évité.

Inexactes ! A l'appui de nos affirmations,
nous avons cité les incontestables témoignages
de nos correspondans, et des lettres de ce genre
nous arrivent de tous côtés. D'ailleurs, la commission officielle de salubrité du 18e arrondissement confirme nos assertions dans son rapport
du 26 juin 1860, dont elle a fait l'envoi à l'autorité supérieure, en appelant toute son attention
sur la gravité de ces faits.

Ce rapport établit que « le tuyau aspirateur
» de la pompe à feu de Saint-Ouen ayant été

» posé à 12 mètres seulement de la rive, c'est-
» à-dire en *plein courant* des eaux de l'égout
» collecteur d'Asnières,

» Il en résulte :

» *Que les eaux distribuées aux nombreux*
» *habitans des 17ᵉ et 18ᵉ arrondissemens*
» *contiennent une grande quantité de ma-*
» *tières organiques, sont infectes, insalubres,*
» *et doivent très certainement être la cause*
» *de nombreuses maladies chez les jeunes*
» *enfans surtout, telles que diarrhées, an-*
» *gines couenneuses, etc.* »

On le voit, nous en avons beaucoup moins dit
que la commission de salubrité. Si on révoque
en doute sa compétence, que l'on consulte tous
les médecins et les habitans éclairés de Batignolles et de Montmartre. Si on ne s'en rapporte
pas à leur témoignage, que l'on fasse, comme
nous l'avons fait nous-même, une visite à Saint-
Ouen. Nous avions *vu*, nous avions *senti* cette
eau. Nous en avons *bu* depuis. Faites la même
expérience : vous nous répondrez après !

« La grande galerie souterraine qui conduit à la
» Seine, en aval du pont d'Asnières, les eaux des
» égouts de la rive droite, précédemment déversées
» dans le fleuve au-dessous du pont de la Concorde,
» a été mise en service dès le mois de mars 1859. De-
» puis cette époque, on n'a pas observé que les eaux
» puisées, à près de 3 kilomètres plus bas, par la ma-
» chine de Saint-Ouen, aient subi aucune altération
» appréciable. »

Cette assertion est démentie par la commission de salubrité dont nous venons de citer le rapport ; elle est démentie par les témoignages de nos correspondans cités dans les numéros de la *Patrie* des 9 et 10 de ce mois.

Comment serait-il possible, d'ailleurs, que la prise d'eau ne fût pas altérée quand elle s'alimente sous la décharge d'un égout collecteur qui reçoit et porte dans la Seine sur un seul point le produit de toutes les immondices des autres égouts de la rive droite de Paris, y compris les eaux-vannes des fosses d'aisances ?

« Les pompes de Chaillot, situées à 1 kilomètre seulement du grand déversoir de la Concorde, étaient, il y a deux ans à peine, dans des conditions bien plus mauvaises, et cependant c'est dans ces conditions que, pendant bien longtemps, elles ont alimenté la population de Paris, sans que la santé publique en ait jamais souffert. »

C'est que la prise d'eau de Chaillot était située au milieu du fleuve et non près du bord, comme l'est celle de Saint-Ouen.

« La Ville ne dispose que depuis le 1er janvier dernier de la machine de Saint-Ouen, qui appartenait précédemment à la Compagnie générale des Eaux, concessionnaire du service de toute la banlieue. En rachetant à cette compagnie son privilége, afin de pouvoir distribuer l'eau dans les territoires récemment annexés à Paris, au prix très bas du tarif parisien, la Ville a reçu tous ses établissemens dans l'état où ils étaient. L'eau que la machine de Saint-Ouen puise en Seine depuis lors est celle qu'elle y puisait avant le 1er janvier dernier. La population que cette machine dessert est la même qu'auparavant. Comment donc l'eau que la *Patrie* laissait distribuer, sans mot dire, à cette population, depuis

» deux ans que l'égout d'Asnières est en service, se-
» rait-elle devenue tellement pernicieuse, du jour au
» lendemain, qu'il fallût sonner l'alarme comme ce
» journal vient de le faire ?
» Assurément, ce ne peut être parce que la pro-
» priété de l'établissement a passé des mains de la
» Compagnie générale des Eaux dans celles de la
» Ville. Quelque disposé qu'on puisse être à trouver
» mauvais tout ce que fait ou régit l'édilité pari-
» sienne, on ne saurait pousser jusque-là le parti
» pris. »

Qu'importe à qui appartenait l'usine de Saint-Ouen ? L'administration n'avait pas le droit de mettre en service l'égout d'Asnières et de lâcher les immondices qu'il vomit sur cette prise d'eau, sans prendre des mesures préventives, telles que la prolongation du tuyau alimentaire de Saint-Ouen, au delà de la zone où le mélange des eaux de l'égout devient un danger pour la population. Ce qu'elle aurait dû faire alors c'était obliger la Compagnie à reporter sa prise sur la rive opposée en lui donnant une indemnité suffisante.

Si cette mesure, à laquelle l'administration, après des plaintes réitérées, se propose de recourir, eût été prise il y a deux ans, comme cela devait être, les habitans de ces quartiers n'auraient pas souffert, pendant ces deux années, de cet état de choses, et nous n'aurions pas été dans la nécessité, bien à regret, de le signaler.

Il est évident que l'eau de Saint-Ouen est en réalité pernicieuse depuis deux ans. Il est évi-

dent que depuis notre réclamation faite il y a
six mois, on n'a encore rien fait. Les agens cou-
pables de négligence le sont-ils moins parce que
l'abus est plus ancien ?

« Cette administration, qui n'a négligé jusqu'à pré-
» sent aucun moyen d'améliorer le régime des eaux
» de Paris, et qui, pour doter enfin la capitale de
» l'Empire d'une distribution vraiment digne d'elle,
» lutte courageusement contre tous les obstacles que
» l'esprit de contention et de dénigrement lui suscite,
» ne manquera certainement pas de faire pour les
» populations des 17e et 18e arrondissemens ce qu'elle
» a déjà fait pour celles de l'ancienne ville. »

Le passé de la *Patrie* proteste suffisamment
contre cette imputation de dénigrement. On sait
avec quelle énergie nous soutenons l'autorité
dans tout ce qu'elle entreprend de juste, de bon
et de grand. Mais l'appui que nous lui prêtons
si gratuitement ne saurait aller jusqu'au silence, lorsque l'intérêt public nous commande
de signaler un abus.

Nous ne reconnaissons à personne, pas même
à l'auteur anonyme de la note du *Moniteur*,
quel qu'il puisse être, le droit de nous accuser
d'un esprit de dénigrement systématique. Quand
nous élevons la voix pour signaler un abus,
c'est que notre critique repose sur des faits pa-
tens, constatés, et qui sont de nature à affecter
profondément l'intérêt ou la santé du public.

Oui, nous avons un parti pris, un seul, et nous
croyons qu'en cela personne ne nous blâmera.
C'est celui de divulguer tous les abus graves,

de les attaquer sans faiblesse, quelque haut
placés que soient les agens dont la responsabi-
ité est en cause ; c'est, en un mot, de correspondre à la pensée, si profondément politique,
exprimée par M. le ministre de l'intérieur quand
il prit possession de son portefeuille.

C'est ainsi que nous avons signalé l'incurie
de la direction des canaux, qui laissait péricli-
ter le grand intérêt national de la navigation
intérieure au profit évident des compagnies de
chemins de fer. Nous avons mis publiquement
en demeure cette administration d'achever nos
voies navigables ; nous n'avons cessé de réclamer contre les droits de navigation dont la sup-
pression est la première condition de la prospérité de la France. Une volonté souveraine a fait
donner l'an dernier à notre vœu un commencement d'exécution par la loi de rachat des canaux.

C'est ainsi que nous n'avons cessé de signaler
l'impuissance de l'ancienne administration des
haras, qui subissait l'influence des *entraîneurs
d'hippodrome* et répandait chez les éleveurs
des étalons de fantaisie, capables de conduire
notre industrie chevaline à l'abâtardissement.
La récente réorganisation de l'administration
des haras, sous la main même de l'Empereur,
a donné raison à la lutte que nous avons sou-
tenue.

C'est ainsi qu'aujourd'hui nous continuons de
signaler un abus qui affecte la santé des 17ᵉ

et 18ᵉ arrondissemens et des communes voisincs.

Enfin, c'est ainsi que nous continuerons d'entretenir nos lecteurs de la question des eaux de la grande cité parisienne, question qui intéresse une population de près de deux millions d'habitans.

Nous n'avons eu personnellement qu'à nous louer des rapports très rares que nous avons eus avec M. le préfet de la Seine. Mieux que personne nous savons rendre justice à sa haute intelligence, au talent incontestable et tout à fait hors ligne avec lequel il a su, en peu d'années, faire de Paris la plus belle ville du monde.

Mais un des inconvéniens de ces immenses travaux, c'est d'absorber l'homme supérieur qui les entreprend dans de prodigieuses préoccupations, au milieu desquelles disparaissent certains détails du service.

C'est, nous n'en doutons pas, la seule raison qui puisse expliquer comment un magistrat aussi vigilant a pu ignorer les abus que nous avons été obligé de signaler une seconde fois, puisque nos premières réclamations n'avaient, depuis six mois, obtenu aucun résultat.

Nous accueillons avec une vraie satisfaction, et comme un engagement sérieux, la promesse suivante insérée dans la note du *Moniteur :*

« Dès que la crue du fleuve aura cessé, on prolon-
» gera la prise de la machine de Saint-Ouen jusqu'en
» un point où l'eau de la Seine soit à l'abri de tout

» soupçon de mélange avec celle de l'égout d'Asniè-
» res. Les tuyaux nécessaires à ce travail sont tout
» approvisionnés. »

Pour mettre fin à l'abus signalé, nous ne demandons à la préfecture que de faire et surtout
de faire vite.

On déclare vouloir commencer ces travaux
dès que la crue du fleuve aura cessé. Aurait-on
l'intention d'attendre durant six mois l'époque
de l'étiage? Qu'importent, pour des travaux de
cette urgence, deux mètres de hauteur d'eau en
plus ou en moins? La rivière est assez limpide
en ce moment pour permettre aux scaphandriers
de voir et de travailler sous l'eau. Aussi espérons-nous que la nouvelle promesse de l'administration se réalisera sans délai. La mesure est
d'autant plus urgente que les populations souf-
frent et attendent.

Quant aux deux autres grandes questions dont
parle la note du *Moniteur :* celle de l'approvisionnement général des eaux de Paris et celle
de l'assainissement des égouts, elles sortent du
sujet spécial des eaux de Montmartre, qui fait
l'objet actuel de nos réclamations. Aussi nous
proposons-nous de continuer de traiter séparément ces deux questions, ainsi que déjà nous
l'avons commencé, chacune avec l'intérêt qu'elle
mérite.

IV

ÉGOUT D'ASNIÈRES.—LA PRISE D'EAU DE SAINT-OUEN

L'EMPEREUR LE SAURA!

Nous recevons la lettre suivante d'un propriétaire de Montmartre :

A Monsieur Delamarre.

Paris, 26 avril 1861.

Monsieur,

Vous avez montré une sage réserve dans vos articles du 9 et du 11 sur l'insalubrité des eaux dont
s'alimentent les habitans des 17e et 18e arrondissemens.

En ne soulevant qu'un coin du voile qui couvre
cette déplorable affaire, nous avons compris que vous
ne vouliez pas augmenter nos inquiétudes, déjà si
grandes, pour nos santés et celles de nos familles. Il
est regrettable que l'auteur anonyme de l'article du
Moniteur n'ait pas su apprécier le motif honorable de
la modération de votre langage.

Du reste, monsieur, tous les propriétaires et tous
les patentés de ces deux arrondissemens préparent en
ce moment une réponse au *Moniteur*. Une pétition à
l'Empereur vient d'être rédigée, et jamais empressement à signer ne fut plus unanime et plus grand.
Nous avons tous le pressentiment que le jour où cette

8.

pétition sera remise à l'Empereur sera le dernier de nos inquiétudes et de nos alarmes.

Veuillez, monsieur, agréer l'hommage de mes sentimens les plus dévoués.

ARRAULT.

C'est à regret que nous sommes obligé de revenir sur cette question des eaux de Montmartre. Nous avons expliqué à nos lecteurs la situation de la pompe à feu de Saint-Ouen, qui alimente les 17e et 18e arrondissemens. On sait que cette prise d'eau est placée directement au-dessous du grand égout collecteur d'Asnières, que l'administration municipale a fait construire pour décharger dans la Seine le produit de tous les égouts de Paris et les eaux vannes des fosses d'aisances.

La prise d'eau de Saint-Ouen, qui approvisionne 200,000 habitans, s'effectue sur une couche de déjections infectes apportées par l'égout, et qui envasent l'orifice du tuyau alimentaire.

Nous avons recueilli une fiole de cette eau. Elle entre en fermentation putride au bout de quelques jours, devient aussi noire que de l'encre, et les gaz méphitiques qu'elle dégage font sauter le bouchon du vase.

C'est cette même eau, dont un spécimen est sous nos yeux pendant que nous écrivons ces lignes, qui est élevée par la pompe à feu dans les réservoirs. Là elle se clarifie en déposant, au fond des bassins, sous forme de vase noire, une

masse de détritus organiques qu'elle tenait en
suspension. La plus grande partie des matières
solides se précipite, mais toutes les substances
délétères dissoutes avec l'eau restent mélangées
à cette eau et sont distribuées avec elle aux habitans de ces quartiers populeux.

Nous avons peine à comprendre comment,
après la promesse formelle faite par l'administration municipale, dans la note du *Moniteur*
du 11 de ce mois, on tarde un seul jour, *une
seule heure* à donner satisfaction au nombreux
public auquel on distribue ce liquide infect et
dégoûtant.

La réparation promise consisterait à prolonger les tuyaux de la prise d'eau de Saint-Ouen
vers l'autre rive du fleuve, où l'eau est moins
altérée. Cet expédient facile, qui n'est qu'un
palliatif provisoire à une situation intolérable,
permettrait d'attendre l'adoption de dispositions
plus radicales pour l'approvisionnement des
eaux de Paris, sujet important dont nous continuerons d'entretenir nos lecteurs.

Voici la promesse faite par la note du *Moniteur* :

Dès que la crue du fleuve aura cessé, on prolongera la prise de la machine de Saint-Ouen jusqu'en
un point où l'eau de la Seine soit à l'abri de tout
soupçon de mélange avec celle de l'égout d'Asnières.
Les tuyaux nécessaires à ce travail sont tout approvisionnés.

Quinze jours se sont écoulés depuis cette promesse de l'administration, sans que la pose des tuyaux de prolongement de la prise d'eau ait été commencée. La Seine est basse et les eaux sont claires. On a seulement apporté sur la berge de la Seine quelques tuyaux de fonte.

En attendant, la population continue de souffrir. *Ah! si le roi le savait!* s'écriaient nos pères, quand ils se voyaient victimes des abus ou des négligences de l'administration.

Eh bien! il paraît que *l'Empereur le saura!* car dans ce moment une pétition des propriétaires et patentés du 18e arrondissement se couvre de signatures, pour supplier le souverain d'apporter, dans cette mesure de justice et d'humanité, le poids de sa puissante volonté.

Il paraîtrait aussi que les habitans de Montmartre auraient fait recueillir authentiquement de l'eau infectée, à la bouche même de la prise de Saint-Ouen, et qu'ils se proposent de la soumettre aux regards de Sa Majesté.

On ne saurait trop insister sur l'urgente nécessité d'apporter un remède immédiat à une situation qui a trop duré, et qu'il ne serait ni humain ni prudent de prolonger plus longtemps. Nous approchons de la saison des chaleurs, qui pourrait apporter dans l'état sanitaire des habitans de ces quartiers de fâcheuses complications. Nous ne réclamons d'ailleurs qu'une mesure bien facile à exécuter maintenant, et qui peut être terminée en peu de jours puisque les tuyaux sont approvisionnés.

V

Nous recevons du ministère de l'intérieur le *Communiqué* suivant ·   ·

Paris, 3 mai 1861.

Le journal la *Patrie* a publié, dans son numéro du 28 avril dernier, un article qui était de nature à alarmer les populations des 17e et 18e arrondissemens de Paris sur la salubrité des eaux qui leur sont distribuées. Le lendemain, 29 avril, le *Moniteur* répondait aux assertions de ce journal par une Note qui, en rétablissant la vérité des faits, devait calmer les inquiétudes qu'on avait tenté si imprudemment d'exciter. Si la *Patrie* n'avait cherché qu'à éclairer l'autorité et l'opinion par une discussion loyale, elle se serait empressée de reproduire la réponse officielle qui lui était adressée et qu'elle avait le devoir impérieux de placer sous les yeux de ses lecteurs comme un des élémens indispensables du débat qu'elle avait soulevé.

En s'abstenant de cette reproduction comme elle l'a fait jusqu'à présent, la *Patrie* a manqué à tous les devoirs d'une publicité impartiale.

En conséquence, ce journal est invité, aux termes de l'article 19 de la loi du 17 février 1852, à reproduire en tête de son plus prochain numéro la Note ci-jointe du *Moniteur*.

Voici l'article du *Moniteur* :

Dans son numéro du 10 avril dernier, le *Moniteur* a déjà réfuté les assertions du journal la *Patrie* sur la qualité des eaux de la Seine distribuées à Montmartre et à Batignolles. Depuis cette époque, l'administration municipale a fait analyser à l'Ecole des ponts et chaussées deux échantillons d'eau provenant, l'un, des réservoirs de Passy, qui sont alimentés par les machines de Chaillot et qui desservent les quartiers hauts de l'ancien Paris; l'autre, du réservoir situé à Montmartre, passage Collin, n° 3, qui distribue dans les 17e et 18e arrondissemens l'eau puisée par la machine de Saint-Ouen, à trois kilomètres environ au-dessous de l'égout d'Asnières. Voici le résumé des deux opérations :

L'analyse des gaz tenus en dissolution dans ces eaux a donné, par litre, pour leur volume ramené à 0m,760 de pression :

	RÉSERVOIRS DE PASSY	RÉSERVOIR DE MONTMARTRE
	cent. cubes.	cent. cubes.
Acide carbonique..........	12.2	14.2
Oxygène..................	6.5	4.5
Azote....................	15.8	15.9
Volume total, en centimètres cubes, des gaz dissous par litre d'eau..............	34.5	34.6

L'analyse des matières solides contenues dans ces

caux, faite avec beaucoup de soin et répétée pour la plupart des élémens, a donné par litre :

	RÉSERVOIRS DE PASSY	RESERVOIR DE MONTMARTRE
	grammes.	grammes.
Résidu argilo-siliceux insoluble dans les acides.......	0.014	0.016
Alumine et peroxyde de fer.	0.006	0.019
Chaux.....................	0.107	0.104
Magnésie..................	0.008	0.009
Alcalis....................	0.011	0.010
Chlore	0.006	0.004
Acide sulfurique...........	0.051	0.048
Eau combinée et matières organiques..................	0.019	0.023
Acide caabonique et matières non dosées..............	0.077	0.070
Poids total des matières solides par litre..............	0.299	0.303
Ammoniaque par litre.......	0.0006	0.0003

L'acide nitrique existe dans ces deux eaux en quantité assez considérable ; il a paru plus abondant dans l'eau intitulée *Passy* que dans l'autre. Le dosage n'a pas été fait avec assez de précision pour qu'on reproduise les chiffres obtenus.

Il ressort avec évidence de ces analyses que la qualité de l'eau puisée en Seine par la machine de Saint-Ouen ne subit aucune influence appréciable des déjections de l'égout d'Asnières. S'il est vrai, comme on le soutient, que ces déjections forment un courant qui suive la berge du fleuve et qui soit reconnaissable à Saint-Ouen et même au-dessous, il faut admettre forcément que ce courant passe entre la rive et l'extrémité du tuyau d'aspiration de la machine ; car, s'il en était autrement, les eaux de Montmartre contiendraient plus d'acide nitrique et d'ammoniaque que celles de Chaillot, tandis que c'est le contraire qu'on a constaté pour les deux échantillons analysés.

Les craintes qu'on cherche à jeter dans l'esprit des populations de Montmartre et de Batignolles sont donc complétement chimériques; mais comme l'administration municipale doit tenir compte, en pareille matière, même des répugnances les moins fondées, elle s'occupe en ce moment de faire poser une nouvelle conduite d'aspiration, dont la fabrication a été commandée aux usines le 26 mars dernier, et qui puisera l'eau à une telle distance de la berge qu'aucun soupçon de mélange fâcheux ne sera plus possible.

Au reste, depuis que la Ville a été mise en possession, en janvier dernier, par son traité avec la Compagnie générale des eaux, du droit d'améliorer le service d'eau des territoires récemment annexés à Paris (droit qu'elle a acquis chèrement, car elle a dû racheter, moyennant 50 annuités de 1.160,000 fr. chaque, des priviléges imprudemment concédés, pour de très longues durées, par les communes supprimées), elle n'a pas perdu un instant pour commencer son œuvre. Indépendamment des travaux déjà entrepris pour relier les distributions locales à celles de l'ancien Paris, les ingénieurs de la Ville ont étudié un grand réseau de conduites ayant pour but de répartir, sur toute la surface de la zone annexée, 580 bouches d'eau nouvelles, dont 106 pour le service d'eau d'Ourcq et 485 pour le service d'eau de Seine. Le conseil municipal est saisi de ce projet, dont la dépense ne s'élèvera pas à moins de 1,496,000 fr.

Un des correspondans de la *Patrie* a parlé de l'odeur abominable que répandait l'eau du réservoir de Montmartre, lorsqu'elle coule dans la rue après avoir passé par le trop-plein. Le réservoir de Montmartre ne répand absolument aucune odeur, et on se garde bien d'y élever plus d'eau qu'il n'en peut contenir, pour l'en rejeter dans la rue par un trop-plein. Mais, de temps à autre, on en cure les bassins, comme on cure ceux des réservoirs de Passy. L'odeur des matières qui en sont extraites n'est pas agréable, mais elle est la même partout. C'est le caractère particulier des eaux de rivière de former des dépôts qui s'altèrent plus ou moins vite à l'air. Seulement le produit de ces curages, dans le vieux Paris, est conduit aux égouts et n'afflige ni les yeux ni l'odorat des habitans, tandis qu'à Montmartre, où il n'y a pas encore d'égouts, il faut le répandre sur la voie publique.

Les eaux de source ont seules le privilège de ne point former de dépôts semblables, et c'est un des motifs pour lesquels l'administration municipale poursuit avec persévérance le projet qui doit doter la population parisienne de l'inappréciable bienfait d'une distribution d'eaux de source pures, limpides et fraîches, et qui vient enfin d'être soumis aux formalités d'enquête, après une instruction préliminaire dont la longueur peut avoir lassé la patience du public, mais qui est une garantie de la maturité des décisions prises.

Le jour même où parut dans le *Moniteur* la Note que nous venons de reproduire, nous adnoncions *que nous publierions cette Note* en la faisant suivre d'une réponse.

Cette réponse, dont nous nous serions abstenu d'ailleurs si notre honneur et notre loyauté n'avaient été mis en cause, allait paraître avec la Note du *Moniteur*, quand il nous est arrivé de Montmartre une foule de documens signés d'un grand nombre de propriétaires et de patentés de ce quartier, directement intéressés dans la question.

Ces documens réfutent la Note du *Moniteur* et répondent suffisamment pour nous.

En ce qui nous concerne personnellement, nous nous bornerons de nouveau à repousser l'imputation directe, que nous a adressée l'auteur anonyme de la Note, de chercher à jeter

des craintes chimériques dans l'esprit des populations de Montmartre et de Batignolles. Nous
nous élevons de toute notre énergie contre une
pareille accusation.

Nos lecteurs, qui sont juges de ce fait, savent
depuis longtemps, sur la foi de notre passé, avec
quelle fermité nous avons défendu à toute époque, et surtout dans les temps les plus difficiles,
les principes d'ordre et de respect à l'autorité,
comme nous les défendrons toujours.

Nous ne sommes pour rien dans les plaintes
que les habitans de Montmartre font entendre,
puisque depuis deux ans, et longtemps avant
nos observations, ces plaintes avaient amené
l'administration à consulter le conseil supérieur
de salubrité du département.

Montmartre, 2 mai.

Monsieur le directeur de la *Patrie*,

Dans une nouvelle Note du *Moniteur*, en date d'hier,
on produit une analyse des eaux de Montmartre,
faite à l'Ecole des ponts et chaussées, d'où il résulterait que l'eau que l'on nous distribue ne subirait aucune influence appréciable des déjections de l'égout
d'Asnières.

L'aspect repoussant, l'odeur infecte et les qualités
morbides de ces eaux ont été constatés depuis deux
ans déjà par le conseil supérieur d'hygiène publique
et de salubrité du département de la Seine, corps
composé des plus hautes notabilités scientifiques de
la France.

Ce conseil supérieur avait été invité en 1859 et 1860,
par l'administration même, à examiner ces eaux, à

la suite de plaintes nombreuses des habitans de Montmartre. Ce même conseil supérieur a consigné son
opinion dans deux rapports déposés, l'un en 1859,
l'autre en 1860.

La commission d'hygiène de Montmartre a reçu
officiellement avis du dernier de ces rapports. Cette
commission d'hygiène, émue de cet état de choses, a
voulu, en mars dernier, en vertu du mandat dont
elle est investie et qui lui confère le droit de se faire
ouvrir toutes les portes derrière lesquelles elle peut
soupçonner un foyer d'infection, elle a voulu, dis-je,
vérifier l'état du réservoir de Saint-Ouen pour s'assurer de la propreté des eaux.

Mais l'administration municipale des eaux a refusé
d'ouvrir ses portes au délégué de cette commission
et aux agens commis par le commissaire de police
pour l'assister dans cette enquête.

Deux procès-verbaux constatent cette résistance
opposée par des employés à des fonctionnaires publics agissant en vertu d'un mandat légal.

La *Patrie* a rendu compte de ces faits, qui n'ont
été ni contestés ni démentis par le *Moniteur*.

Les deux analyses produites par le *Moniteur* ne
sont nullement concluantes quant au fond de la question.

Il y a, en effet, un fait matériel incontestable, évident à tous les yeux, qui domine toute tentative d'a-
nalyse partielle; c'est l'état général et variable de
l'eau de la Seine, à la prise d'eau de Saint-Ouen.

L'égout collecteur d'Asnières verse dans le fleuve
une masse de matières putrides qui est égale à la mil-
lième partie peut-être du volume débité par la Seine
dans les plus grandes eaux, quand le fleuve s'élève à
6 ou 7 mètres au-dessus de l'étiage.

Cette proportion augmente dans une énorme mesure lorsque les eaux du fleuve s'abaissent jusqu'à
l'étiage. L'apport des déjections de l'égout dans la
Seine peut être évalué à un centième pendant les plus
basses eaux.

Si l'on veut bien admettre, comme le fait est constaté, que les eaux de l'égout ne se mélangent pas
immédiatement à la masse du fleuve et continuent

pendant un certain parcours à couler à part le long des berges, cette proportion de l'apport de l'égout d'Asnières, à la prise d'eau de Saint-Ouen, située à 2,300 mètres de l'égout, peut s'élever, dans certains cas, jusqu'à la dixième partie de l'eau aspirée et devenir même beaucoup plus forte

C'est là le point capital sur lequel devait porter un examen sérieux. Ce n'est qu'à l'aide d'un grand nombre d'analyses, faites à diverses époques, sur des eaux prises à différens niveaux, sur le degré d'altération et de fermentation que subissent ces eaux, conservées pendant quelques jours, que l'on peut acquérir la vérification scientifique de leur insalubrité, si toutefois cette sorte de vérification était nécessaire, s'il n'était pas évident pour tous, au moyen des trois organes moins scientifiques peut-être, mais non moins sûrs de la *vue*, du *goût* et de l'*odorat*, que la source où puise le tuyau d'aspiration est infectée et en partie alimentée par l'égout.

Au reste, l'administration a en réalité reconnu ce fait, puisqu'elle travaille activement aujourd'hui à la pose de tuyaux de prolongement pour reporter la prise d'eau sur la rive opposée.

Quant aux craintes chimériques dont parle l'auteur anonyme de la note du *Moniteur*, si ces craintes n'avaient que ce caractère, peut-on croire que l'on consentirait à charger le budget municipal de la dépense de prolongement de la prise d'eau, si cette dépense n'avait d'autre but qu'un effet moral ?

L'administration avait entre les mains un moyen beaucoup plus économique, plus prompt et plus sûr de dissiper ces craintes, si, en effet, elles sont chimériques : c'était de publier le rapport qu'elle possède sur la prise d'eau de Saint-Ouen, non pas le rapport de la commission d'hygiène de Montmartre, — il lui paraîtrait peut-être de trop faible valeur, — mais le rapport signé par l'un des membres les plus éminens du conseil supérieur de salubrité du département de la Seine. On sait que ce conseil avait été consulté, l'an dernier, par la préfecture, *sur la légitime plus ou moins fondée des plaintes qui s'élevaient de tous côtés contre les eaux des 17e et 18e arrondissemens,* bien longtemps, comme on le voit, avant que la *Patrie* n'en ait parlé.

Ce rapport est dans les cartons de la préfecture. Pourquoi ne s'est-on pas empressé de le publier, de l'afficher sur tous nos murs pour dissiper nos alarmes ?

Cette polémique, monsieur le directeur, est bien fâcheuse en présence de faits notoires, attestés par tous les habitans et les médecins des deux arrondissemens, par la commission d'hygiène de Montmartre, et, mieux encore, par le conseil général de salubrité du département de la Seine.

Veuillez agréer, monsieur le directeur, etc.

> HENRI ARRAULT, pharmacien,
> Propriétaire, rue de l'Empereur, 11, secrétaire du conseil de salubrité du 18e arrondissement (Montmartre).

A M. Delamarre, directeur de la Patrie.

Paris, 2 mai.

Les soussignés, marchands patentés domiciliés rue Chaussée-Clignancourt, et voisins des réservoirs d'eaux placés rue Fontanelle, déclarent que des boues infectes sortant desdits réservoirs et répandues sur l voie publique, s'exhalent des odeurs nauséabondes ; les soussignés vous prient de faire de leurs déclarations, qui sont l'expression de la vérité, l'usage que bon vous semblera.

> PESCHARD, horloger, chaussée Clignancourt, 55 ;
> DUCROCQ, marchand vannier, chaussée Clignancourt, 57 ;
> LOMONE, propriétaire, chaussée Clignancourt, 55 ;
> E. TEXIER, nouveautés, chaussée Clignancourt, 55 ;
> BOILEAU, épicier, chaussée Clignancourt, 61 ;
> DESCHUTTES, ferblantier, chaussée Clignancourt, 63
> BERTAUT, marchand de vins, chaussée Clignancour, 55.

Paris, 3 mai.

A Monsieur Delamarre, directeur de la Patrie.

Nous habitons la partie de la chaussée Clignancourt
par où se déversent les résidus bourbeux du réservoir des eaux de la Seine, et nous n'avons pu lire
sans étonnement le paragraphe de l'article du *Moniteur* où il est dit que ces eaux ne répandent aucune
mauvaise odeur sur la voie publique.

Nous n'avons certes aucun parti pris contre l'administration ; mais nous devons avant tout rendre hommage à la vérité, et tous ceux qui, comme nous, sont
exposés à l'inondation souvent renouvelée des eaux
du réservoir, vous diront qu'elles apportent avec elles
une si grande infection, que l'atmosphère en reste
corrompue plusieurs jours encore après leur passage.

Si l'on pouvait, au moyen d'un égout souterrain,
cacher aux regards et à l'odorat ces preuves flagran-
tes du détestable liquide qui sert à l'alimentation des
17e et 18e arrondissemens, ce serait sans doute un
commencement d'amélioration. Mais il faut mieux que
cela, c'est-à-dire chercher un autre point de la rivière
où l'on puisse nous approvisionner d'eau salubre, au
lieu de nous condamner indéfiniment, par des mesures insuffisantes, à boire l'horrible mixture qu'apporte fatalement à la pompe de Saint-Ouen l'égout
collecteur d'Asnières.

Veuillez, monsieur, donner place dans votre journal à nos observations. et agréer l'expression de toute
notre considération,

PESCUARD, horloger, chaussée Clignancourt, 55 ;
CH. DESCHUTTES, lampiste, chaussée Clignan-
court, 63 ;
THILLY, boulanger, chaussée Clignancourt, 46;
DUPRET, marchand de vins, chaussée Clignan-
court, 69;
BOILEAU, épicier, chaussée Clignancourt, 61.

Nous reproduisons ci-après une pétition
qu'un grand nombre de propriétaires et com-

merçans patentés des 17e et 18e arrondissemens ont signée pour être remise à Sa Majesté. Cette pièce, désormais sans objet. depuis que l'administration a commencé lundi dernier les travaux d'amélioration que réclamaient les pétitionnaires, atteste par ses termes et par les signatures qui la suivent, que toutes les allégations de la *Patrie* étaient bien fondées :

14 avril 1861.

Sire,

Les soussignés, habitans du 18e arrondissement, ont l'honneur de vous exposer que les eaux alimentaires, que depuis deux années on leur distribue, sont, suivant l'opinion de leurs médecins, d'une insalubrité notoire, et susceptibles de donner naissance à des affections morbides.

Ces eaux sont puisées dans la Seine, à Saint-Ouen, et il parait que leur infection est due aux déjections de l'égout collecteur qui a littéralement empoisonné la Seine, depuis Asnières jusqu'à Saint-Denis.

Les habitans du 18e arrondissement, justement alarmés pour leur santé et pour celle de leurs familles, ont vainement, jusqu'à présent, élevé des plaintes contre l'insalubrité de ces eaux.

Les soussignés ont pensé, avec raison, que leurs doléances seraient mieux accueillies par Votre Majesté, et ils viennent respectueusement vous les faire entendre.

Les soussignés, Sire, connaissent la bonté de votre cœur; ils savent que les intérêts généraux sont l'objet de vos premières préoccupations, et ils restent très convaincus qu'il suffit de signaler à Votre Majesté un aussi déplorable état de choses pour qu'il cesse bientôt d'exister.

Les soussignés, Sire, ont l'honneur de se dire, de Votre Majesté,

Les très humbles et très respectueux serviteurs.

Suivent les signatures de 800 propriétaires,
dont les noms et les adresses ont été publiées
dans la *Patrie*.

———

VI

On sait que des ordres pressans avaient été donnés, à la fin du mois dernier, pour les travaux de prolongement de la prise d'eau de St-Ouen.

Dès le 29 avril, une grande activité a été imprimée aux préparatifs de cette opération, et la pose du tuyau a eu lieu hier, *jour de l'Ascension*, à cinq heures du soir.

Des ouvriers chaudronniers et ajusteurs avaient préalablement réuni et rivé ensemble sur la berge quatre-vingt-quatre sections tubulaires de 1 mètre 25 centimètres de longueur chacune, en forte tôle de 7 millimètres d'épaisseur.

Le grand tube de fer formé par cet assemblage présentait un diamètre de 60 centimètres et une longueur de 105 mètres, afin de prolonger la prise d'eau au delà des deux tiers de la largeur du fleuve, non loin de la rive gauche, point où l'eau sera beaucoup moins altérée.

La manœuvre ingénieuse adoptée pour cette pose a offert un véritable intérêt, à cause de la

9

longueur du grand tuyau de fer qui dépasse du double les mâts des plus grands navires.

Après avoir hermétiquement fermé les deux extrémités du tube pour le rendre étanche, on l'a fait glisser sur le plan incliné de la berge, qui avait été garni de madriers, et on l'a roulé dans le fleuve, où il s'est mis à flot.

On lui a fait faire alors sur l'eau un quart de conversion, et on l'a conduit ainsi à sa destination, indiquée par une ligne de pieux élevée en travers de la rivière. Le tuyau s'est arrêté le long de cette file de pieux qui bordait la tranchée creusée par la drague pour le recevoir. On a ensuite débouché ses extrémités, l'eau a pénétré dans l'intérieur, et il est descendu au fond de la rivière par son propre poids.

Pour éviter d'incommoder les ouvriers, on avait eu soin, pendant la pose, de laisser fermées les vannes intérieures de l'égout d'Asnières, qui, comme on sait, servent à la retenue momentanée des eaux sales.

La bouche d'aspiration du nouveau tuyau, formée par un coude vertical très court, sera recouverte d'une cage grillée pour en éloigner les divers corps flottans qui pourraient à la longue l'obstruer.

Ces travaux étant terminés, les habitans de Batignolles et de Montmartre pourront maintenant recevoir une eau plus potable que celle qu'ils ont bue jusqu'à présent, en attendant de nouvelles améliorations.

VII

**LETTRE DU PRÉFET DE LA SEINE AU MINISTRE DE
L'INTÉRIEUR SUR LES EAUX DE PARIS ET DE
MONTMARTRE.**

Nous reproduisons ci-après la lettre adressée
par M. le préfet de la Seine au ministre des travaux publics, relativement aux eaux de Paris, et
qui a paru dans le *Moniteur* du 12 mai 1861.

Des inquiétudes ayant été récemment répandues
dans la population de Paris et de la banlieue au sujet
de la qualité des eaux qui servent à l'alimentation, le
préfet de la Seine vient d'adresser au ministre de l'agriculture, du commerce et des travaux publics la
lettre suivante :

Paris, le 10 mai 1861.

Monsieur le ministre,

La question des eaux de Paris m'a toujours paru
avoir la plus haute importance.

A peine investi des fonctions que je remplis depuis
huit ans, j'ai commencé, en effet, par ordre de l'Empereur, et j'ai poursuivi avec une persévérance qui ne
s'est jamais laissé rebuter, des études dont les résultats, publiés pour la première fois en 1854, ont eu,
dès cette époque, un certain retentissement dans tout
l'Empire et même à l'étranger.

Le 16 juillet 1858, un projet définitif, dressé par des ingénieurs choisis entre les plus savans et les plus habiles, et ayant pour but d'amener à Paris des eaux de source pures, limpides et fraîches, en quantité suffisante pour alimenter la ville entière, a été présenté au conseil municipal, après avoir subi le contrôle préalable du conseil général des ponts et chaussées.

C'est seulement le 18 mars 1859, à la suite d'une longue et minutieuse enquête, dirigée par l'illustre savant qui préside le conseil municipal, et sur son rapport, qu'ont été adoptées mes conclusions.

Depuis lors, l'extension des limites de Paris a nécessité de nouvelles études, qui ont amené la proposition et le vote de modifications du projet, tendant à assurer le service d'eau des points hauts des territoires récemment annexés à Paris, notamment des coteaux de Belleville et de Montmartre, par la dérivation distincte de sources fort élevées, acquises par la Ville dans les vallées de la Dhuis et du Surmelin (Aisne), et à réserver les eaux que l'on compte dériver des vallées de la Somme et de la Soude (Marne), pour le surplus de Paris.

D'après les calculs de mon administration, les premières sources suffiront tout d'abord pour donner satisfaction aux besoins les plus pressans des services privés, qui font l'objet d'abonnemens, non pas seulement dans les parties supérieures, mais dans toute l'étendue de la ville, et on n'aura plus à recourir à l'eau d'Ourcq et à l'eau de Seine que pour les services publics, c'est-à-dire pour l'alimentation des fontaines monumentales, le nettoyage et l'arrosage de la voie publique, le lavage des égouts, etc.

La Ville entend donc commencer ses travaux par l'aqueduc spécial venant des vallées de la Dhuis et du Surmelin, qui doit amener 40,000 mètres cubes d'eau par vingt-quatre heures, dans un réservoir principal, au-dessus de Belleville, à 108 mètres du niveau de la mer, soit à 82 mètres de l'étiage de la Seine.

L'aqueduc venant des vallées de la Somme et de la Soude donnera ensuite un nouvel approvisionnement de 60,000 mètres cubes d'eau, à l'altitude de 85 mètres 50 au-dessus du niveau de la mer, soit de 57 mètres 50 au-dessus de l'étiage de la Seine, qui suffit pour desservir tous les étages des maisons des quartiers même les plus élevés de l'ancien Paris.

Un tel complément peut satisfaire pendant de longues années à tous les besoins. Néanmoins, dans sa prévoyance, la Ville a voulu mettre l'avenir à l'abri des embarras que le passé a légués au présent, et elle a acquis, dans la vallée de la Vanne (Yonne), des sources pouvant donner 70,000 mètres cubes d'eau, à une hauteur suffisante pour le service des quartiers bas de Paris.

Il n'a pas tenu à moi, monsieur le ministre, d'abréger les lenteurs qu'a subies l'instruction préparatoire du grand ensemble de travaux projeté par mon administration. Il a bien fallu réfuter minutieusement les objections sans nombre qu'il a soulevées, et reprendre patiemment les explications déjà données, toutes les fois que, le temps les ayant fait oublier, les contradictions reparaissaient dans les mêmes termes. Il a bien fallu discuter, avec un soin qui ne laissât place à aucun doute, à aucun regret, tous les contre-projets, souvent dignes d'attention, qui n'ont pas manqué d'affluer de tous côtés, à l'encontre des plans de la Ville. Enfin, il a bien fallu laisser se dissiper certaines préventions, calmer des intérêts légitimes alarmés à tort, et composer avec ces mille obstacles que toute œuvre considérable suscite fatalement.

Grâce à l'Empereur, ces retards, que j'ai déplorés plus que personne, mais qui auront eu au moins le mérite de donner au projet municipal un caractère de maturité incontestable, touchent à leur terme. Des enquêtes sont ouvertes dans les divers départemens intéressés, et on peut déjà prévoir, dans un avenir peu éloigné, la réalisation de la première partie ces travaux, de ceux qui doivent procurer une distribution d'eau complétement irréprochable aux quartiers hauts du nouveau Paris, avant tous autres.

Mais mon administration n'a pas pensé que l'adoption du vaste plan qu'elle avait conçu (plan étroitement lié à celui d'un réseau normal d'égouts et d'un système de vidange souterraine) la dispensât d'améliorer provisoirement l'état présent des choses.

Non-seulement elle a perfectionné considérablement, depuis quelques années, la distribution des eaux d'Ourcq et de Seine, dans l'ancien Paris ; mais encore elle n'a pas hésité à proposer au conseil municipal de lourdes dépenses : d'abord, pour racheter les droits de la Compagnie générale des eaux, qui desservait les communes de l'ancienne banlieue, et pour abaisser au taux de la Ville le tarif des services privés, dans les territoires récemment annexés à Paris ; ensuite, pour y poser de nouvelles et nombreuses conduites, embranchées sur les conduites parisiennes, et y décupler ainsi les services publics, fort insuffisans par le passé.

Indépendamment de l'annuité de 1,160,000 fr., dont le budget municipal sera grevé pendant cinquante ans, pour prix du rachat des concessions faites à la Compagnie générale des eaux, le conseil municipal a voté 1,500,000 fr. pour les travaux qui doivent étendre la distribution de l'eau dans l'ancienne zone suburbaine, et il est saisi de la demande d'un crédit de 200,000 fr., ayant pour but l'agrandissement des réservoirs de Gentilly et de Charonne.

Enfin, j'ai prescrit la rédaction d'un projet en vue de faire cesser le chômage de l'usine hydraulique de Clichy, en donnant à sa machine une prise d'eau supérieure au débouché du grand égout collecteur d'Asnières, et on prolonge en ce moment le tuyau d'aspiration de la machine de l'usine de Saint-Ouen, afin de reporter sa prise d'eau sur la rive gauche de la Seine, en exécution d'ordres que j'ai donnés dès le mois de février dernier, bien avant qu'on n'eût cherché à faire naître dans les populations, au sujet de ce grand égout, par d'actives suggestions que j'avais pu prévoir, des craintes évidemment chimériques.

Ainsi, monsieur le ministre, mon administration s'est occupée, dès longtemps, d'alimenter abondamment Paris en eaux de source, pures, limpides et fraîches, et, en attendant la réalisation de ce projet, elle s'efforce d'apporter, sans relâche comme sans parcimonie, à l'état présent des choses toutes les améliorations dont il est susceptible.

Or, il arrive que le régime des eaux de l'ancienne banlieue, qui, avant ces améliorations et tant qu'il a été pratiqué par une compagnie industrielle, n'était l'objet d'aucune plainte, en provoque de très vives depuis que la Ville en a pris charge et s'évertue à le rendre moins imparfait. Dans un but qu'il est difficile de méconnaître, on a, depuis quelques semaines, semé par la voie de la presse des inquiétudes parmi les habitans des 17e et 18e arrondissemens touchant la salubrité des eaux qui servent à les alimenter. On a représenté ces eaux comme nauséabondes, malsaines, dangereuses même. On a cherché à persuader aux consommateurs de Batignolles et de Montmartre que l'eau de la Seine puisée à Saint-Ouen, à trois kilomètres en aval du débouché du grand égout collecteur d'Asnières, était pire que celle dont tout Paris se contente depuis tant d'années, et que la pompe à feu de Chaillot puisait naguère encore à 1,200 mètres seulement au-dessous du débouché de l'égout collecteur, aujourd'hui supprimé, du pont de la Concorde.

Je crois avoir suffisamment démontré, par ce qui précède, que, si fondées que puissent être les accusations portées contre l'eau de Seine puisée à Saint-Ouen ou ailleurs, on ne saurait avec justice s'en faire une arme envers l'administration municipale de Paris, qui, pendant huit années, a travaillé sans relâche à prévenir les répugnances qui se produisent aujourd'hui.

Je suis, d'ailleurs, la dernière personne qu'on puisse accuser de partialité en faveur de l'eau de Seine, puisée n'importe où.

J'ai toujours soutenu, en effet (et il me semble aujourd'hui reconnu par presque tout le monde), que les eaux d'un fleuve, chargées de détritus et de déjections de toute sorte, sont impropres à l'alimentation d'une grande cité; que celles de la Seine, en particulier, tout irréprochable qu'en puisse être la nature, sont mélangées, même au-dessus de Paris, de matières organiques, végétales ou animales, provenant des fossés des champs, aussi bien que des ruisseaux des villes et villages qui occupent sa vallée, et auxquels son lit trop étroit sert d'égout collecteur;

que des usines, de jour en jour plus nombreuses, projettent, dans cet exutoire général, les résidus de leur fabrication, et contribuent à rendre ses eaux, sinon suspectes d'insalubrité, du moins peu dignes des préférences d'une administration vigilante; qu'indépendamment de ces causes de dégoût, les eaux de la Seine sont tellement troubles qu'elles présentent au filtrage en grand, non pas des impossibilités absolues, mais des difficultés à peu près équivalentes ; enfin, qu'elles sont chaudes en été glaciales en hiver, et que les variations de température qu'elles subissent sont aussi nuisibles à la solidité des joints des conduites qu'elles sont désagréables pour le consommateur.

Je ne saurais donc défendre complétement les eaux que la machine de Saint-Ouen puise dans la Seine, pas plus que celles qu'aspirent les machines de Chaillot et les autres machines qui alimentent aujourd'hui Paris, concurremment avec le canal de l'Ourcq. Mais je ne saurais davantage admettre qu'elles soient, sur aucun de ces points, dangereuses pour la santé publique.

Quelque valeur que de telles exagérations puissent donner au grand projet dont mon administration poursuit la réalisation, il est impossible que, dans une matière aussi délicate, je les laisse passer sans contradiction, et plus on met d'obstination à provoquer des alarmes que rien ne justifie, plus il m'importe d'en démontrer l'inanité aux habitans des 17e et 18e arrondissemens.

Tout défectueux que soit le régime actuel, non pas à cause du grand égout d'Asnières, mais parce qu'il repose sur l'emploi de l'eau de rivière, qu'on ne doit faire boire aux populations que faute de mieux, ce régime, qu'elles devront encore subir pendant deux ans au moins, c'est celui de tout Paris. Les eaux des réservoirs de Montmartre peuvent bien n'être pas aussi pures qu'on pourrait le désirer; mais elles ne diffèrent pas d'une manière appréciable de celles qui alimentent les réservoirs de Passy et tant d'autres.

Cette démonstration est déjà ressortie des analyses que j'ai fait demander à l'Ecole des ponts et chaus-

sées, qui me semblait offrir de suffisantes garanties
pour de telles opérations.

Mais ces analyses ont été discutées, et je désire
tout le premier qu'elles soient reprises.

Je crois, monsieur le ministre, qu'il y a lieu de
recourir, cette fois, à l'autorité compétente la plus
élevée, et d'invoquer les lumières du comité consultatif d'hygiène publique de France, institué près de
votre ministère, qu'il vous appartient de saisir, et
dont l'opinion ne sera probablement pas contestée.

C'est cette mesure que j'ai l'honneur de proposer à
Votre Excellence.

Mais il est bon de bien s'entendre sur l'eau qu'il
s'agit d'analyser. Suivant moi, c'est celle que dé-
bitent les réservoirs et que distribuent à la population les conduites qui s'y embranchent. On a fait grand
bruit des dépôts qui se forment dans le réservoir de
Montmartre, comme dans tous les réservoirs alimentés en eaux de rivière. Ces dépôts sont désagréables à
la vue, et, quand ils ont été au contact de l'air, ils
offensent l'odorat. Mais enfin puisqu'à Montmartre on
les projette périodiquement sur la voie publique,
faute d'égouts, c'est que les matières qui les composent ont cessé, dans le réservoir incriminé, d'être
mélangées à l'eau qui les tenait en suspension avant
son entrée dans les conduites et sa mise en consommation.

Analyser l'eau trouble de la rivière, puisée à tel
point de son cours, comme on l'a demandé, ne serait
donc pas la même chose qu'analiser l'eau reposée qui
est livrée au public. Ce sont les eaux débitées par les
réservoirs de Montmartre et de Passy que la consommation emploie; c'est une nouvelle et décisive comparaison de ces eaux, par des analyses chimiques
minutieuses, que je réclame aujourd'hui.

J'insiste sur cette observation, parce qu'elle me
paraît de nature à expliquer la divergence qui existerait, dit-on, entre les résultats obtenus à l'Ecole des
ponts et chaussées et ceux auxquels serait arrivé un
savant chimiste du conseil d'hygiène et de salubrité
du département de la Seine.

Mon administration qui a, dès longtemps, condamné

9.

l'emploi des eaux de rivière, serait plus que désinté-
ressée dans la question, si la manière dont elle a été
posée, si l'agitation qu'on a cherché à produire à
l'entour, n'avaient donné à cette question un caractère qui ne me permet pas de l'envisager avec indif-
férence.

La mesure que je provoque rassurera, j'en ai la
confiance intime, des populations émues à tort, et
leur rendra la sécurité qu'on a si imprudemment
troublée chez elles par des allégations tout au moins
exagérées. Mais veuillez être bien convaincu, monsieur le ministre, que la seule solution qui puisse
leur donner une satisfaction complète est une prompte
exécution du grand projet qui doit alimenter Paris
en eaux de source à l'abri de tout soupçon.

Veuillez agréer, monsieur le ministre, l'assurance
de ma respectueuse considération.

Le sénateur, préfet de la Seine,
G.-E. HAUSSMANN.

Cette lettre traite *deux questions distinctes.*

L'une qui touche au plan d'approvisionnement général des eaux de Paris, dont maintes
fois nous avons parlé, et dont nous reparlerons
prochainement.

L'autre, qui revient spécialement sur les
eaux de Montmartre. C'est cette dernière partie que nous allons examiner avec tous les é-
gards dus au premier magistrat de l'édilité parisienne.

On sait qu'après l'ouverture du grand égout
collecteur d'Asnières, qui, *depuis deux ans*,
décharge dans la Seine toutes les vidanges des
égouts de Paris, les habitans de Montmartre se
plaignaient de l'insalubrité de leurs eaux, altérées par le mélange de ces immondices.

Leurs plaintes étant restées sans résultat pendant une année, la *Patrie* signala, l'*été dernier*, cet état de choses compromettant pour la santé de deux cent mille habitans, et réclama, comme remède à cet inconvénient, le prolongement de la prise d'eau de Saint-Ouen vers la rive gauche, point où l'eau se trouve moins altérée.

Le conseil supérieur d'hygiène publique de la Seine examina la question, et consigna son avis en termes très énergiques dans un rapport remis à l'autorité et RESTÉ SECRET jusqu'à ce jour. En même temps, ce conseil saisit de l'affaire la commission d'hygiène de Montmartre, qui, voulant vérifier l'état insalubre des réservoirs de distribution, s'en vit, bien qu'assistée de la police, REFUSER LES PORTES par l'autorité municipale.

L'opinion publique s'émut de cet incident. La *Patrie* se fit de nouveau, au commencement d'avril dernier, l'écho des légitimes réclamations des habitans, et réclama avec énergie la pose des tuyaux de prolongement de la prise d'eau de Saint-Ouen. Deux notes parurent alors au *Moniteur* pour justifier l'administration, opposant toujours des dénégations à des faits manifestes, et traitant de chimériques les craintes trop réelles inspirées par l'insalubrité des eaux.

Il ne fut pas difficile à la *Patrie* de réfuter et de réduire à néant les allégations de l'auteur anonyme de ces notes. Les faits étaient là ; le public était témoin. Dans un article du 28 avril (cette date est à retenir), la *Patrie* indiqua l'intervention d'une décision souveraine comme seul remède à la situation. En même temps, le 4 mai, elle publia une lettre écrite de Montmartre, rappelant les faits authentiques de la question, et une pétition à l'Empereur, dont les signataires, au nombre de 800, tous propriétaires et patentés de cet arrondissement, suppliaient Sa Majesté de vouloir bien apporter dans cette affaire le poids de sa puissante volonté.

Des ordres pressans furent immédiatement donnés. Dès le 29 avril, lendemain du jour où parut l'article de la *Patrie*, des tuyaux de fer affluèrent à Saint-Ouen. Un atelier y fut ouvert pour le prolongement de la prise d'eau. La machine à draguer creusa une tranchée à travers le fleuve, et des escouades de terrassiers nivelèrent les berges pour faciliter la pose. Enfin, après un travail incessant de huit jours, la pose des tuyaux de prolongement, tant de fois réclamée, eut lieu le 9 mai, *jour de l'Ascension*. Nous avons rendu compte de cette intéressante opération dans la *Patrie* du 10 mai.

Tel est le résumé exact des faits. L'exécution de ces travaux démontrait matériellement que les alarmes prétendues *chimériques* de la population n'avaient été que trop fondées.

Après cette satisfaction donnée enfin à l'opinion publique par l'autorité, nous regardions la

question des eaux de Montmartre comme surabondamment épuisée, et nous n'en aurions
plus reparlé si la lettre de M. le préfet de la
Seine, publiée dans le *Moniteur* du 12 mai,
n'était venue provoquer de notre part, et à notre
grand regret, des explications inévitables.

M. le préfet prie M. le ministre des travaux
publics de recourir, pour l'examen des eaux
de Montmartre, à une compétence d'un autre
ordre, en invoquant les lumières du comité
consultatif d'hygiène publique de France, institué près ce ministère.

Quel sera le but de cet examen? L'analyse
des eaux actuelles du bassin de Montmartre,
assainies désormais par la pose des nouveaux
tuyaux?

Quelle lumière pourra fournir cette analyse
sur l'état d'insalubrité de ces eaux antérieurement au prolongement du tuyau de prise d'eau?
Aucune. C'était *avant et non après* ce changement capital, qu'il importait surtout de faire
une telle expérience. Toutefois, nous ne pou-
vons qu'approuver cette expertise qui rassurera
la population de Montmartre sur la qualité des
eaux qu'elle boira désormais, mais cela ne
prouvera pas que l'eau qui est salubre aujour-
d'hui n'était pas malsaine il y a huit jours.

Pour juger combien ces plaintes étaient fondées, il sera intéressant de comparer le rapport
que fera le comité consultatif d'hygiène de
France, sur les eaux actuellement améliorées

de Montmartre, avec *les rapports faits par le conseil supérieur de salubrité de la Seine, avant l'amélioration.* Il sera indispensable alors de publier à la fois ces deux documens. Tel est, selon nous, le seul moyen péremptoire d'éclairer la question.

Le public jugera si c'est à bon droit que nous avons insisté, de toute notre énergie, pour réclamer des travaux qui, selon nous, se sont fait beaucoup trop attendre.

Il jugera, en comparant ces deux documens, dont il est à désirer que la publication soit prochaine, si nous avons répandu des *craintes chimériques* par *d'actives suggestions;* si nous avons *provoqué des alarmes* par une *injustifiable obstination;* si l'administration enfin doit s'en prendre à tout autre qu'à elle-même de l'*agitation* et du *grand bruit* qui ont été faits dans cette affaire.

En attendant, les habitans de Montmartre boivent maintenant de meilleure eau, et nous les en félicitons sincèrement.

———

VIII

RECTIFICATIONS FAITES A LA LETTRE DU PRÉFET
DE LA SEINE.

Nous recevons d'un propriétaire de Montmartre la lettre suivante :

Paris, ce 13 mai 1861.

A Monsieur Delamarre.

Monsieur,

Je viens de lire dans le *Moniteur* une lettre de M. Haussmann, sur la question générale des eaux alimentaires, sur les études que ce magistrat poursuit avec persévérance, et qui ont pour but de donner à Paris des eaux pures, limpides et fraîches.

Cette lettre est pleine d'intérêt, et prouve une fois de plus, ce que d'ailleurs personne ne met en doute, le zèle ardent, le dévouement éprouvé de M. le préfet de la Seine pour les intérêts de la cité qu'il administre d'une manière si brillante.

Mais toute chose a son envers, et dans cette lettre il est encore malheureusement parlé de cette question des eaux de Montmartre que nous croyions noyée au fond du fleuve avec les nouveaux tuyaux qui viennent d'être posés, et qui nous donnent maintenant une eau plus pure que celle qui nous avait été délivrée jusqu'à ce jour.

Qu'à défaut d'argumens concluans, M. le préfet de la Seine ait recours à des généralités sans rapport aucun avec le sujet, pour justifier son administration des reproches qui lui sont adressés, cela s'explique ; mais ce qui se comprend moins, c'est la persistance avec laquelle M. le préfet de la Seine aperçoit, dans une plainte plus ou moins fondée, mais *respectueusement élevee*, un parti pris de dénigrement contre son administration de la part de citoyens qui, plus que d'autres peut-être, lui rendent justice et la respectent.

La lettre de M. le préfet renferme de graves erreurs qu'il importe de ne pas laisser s'accréditer dans l'esprit des lecteurs de la *Patrie*. Permettez-moi donc, monsieur le directeur, de vous les signaler.

Tant que le régime des eaux de Montmartre et de Batignolles, dit M. le préfet, a été pratiqué par une compagnie industrielle, ces eaux n'ont été, de la part des habitans, l'objet d'aucune réclamation : *Ce n'est* que depuis que la Ville en a pris possession que, DANS UN BUT QU'IL EST DIFFICILE DE MÉCONNAITRE, on a semé, par la voie de la presse, des inquiétudes parmi les habitans de ces anciennes communes, et qu'on a représenté ces eaux comme nauséabondes, malsaines, dangereuses même.

A cette accusation mal fondée, nous allons répondre par des dates et des faits.

C'est le 1er *janvier* 1861 *(la date est à retenir)* que la Ville a pris possession des eaux de Montmartre.

Les premières plaintes des habitans sur l'insalubrité de leurs eaux *datent de* 1859, époque de la mise en pratique de l'égout collecteur d'Asnières.

Ces plaintes, restées sans effet, furent *renouvelées en* 1860, et en très grand nombre !... A cet égard, M. le préfet de police pourrait fournir à l'autorité municipale d'utiles renseignemens, car plusieurs de ces plaintes lui ont été directement adressées.

Dans les mêmes années 1859 et 1860, le conseil de salubrité du département de la Seine fut deux fois *officiellement* saisi de cette question des eaux de Montmartre. Deux rapports existent ; que disent ces rapports ? Leurs termes concordent-ils avec ceux du rapport publié dans le *Moniteur*, ou bien les infirment-ils ? Pourquoi ce silence gardé sur eux ?

En présence des faits et des dates que je viens de produire, que devient l'allégation suivante :

Ce n'est que depuis que la Ville a pris possession des eaux de Montmartre que la malveillance les a déclarées infectes et nauséabondes.

Tout défectueux que soit le régime actuel, non pas à cause du grand égout d'Asnières, mais parce qu'il repose sur l'emploi de l'eau de rivière, qu'on ne doit faire boire aux populations que FAUTE DE MIEUX, ce régime QU'ELLES DEVRONT encore s bir *pendant deux ans au moins*, C'EST CELUI DE TOUT PARIS.

Les eaux des réservoirs de Montmartre peuvent bien

n'être pas aussi pures qu'on pourrait le désirer, MAIS ELLES NE DIFFÈRENT PAS D'UNE MANIÈRE APPRÉCIABLE DE CELLES QUI ALIMENTENT LES AUTRES RÉSERVOIRS DE PARIS.

Si, par impossible, la science était d'accord ici avec M. le préfet de la Seine, le bon sens viendrait réfuter énergiquement une pareille assertion, car personne n'oserait affirmer que des eaux puisées *en aval* de l'égout collecteur ne contiennent pas plus de matières organiques que les eaux prises *en amont* ; en d'autres termes, que les eaux de Saint-Ouen sont aussi saines que celles des autres réservoirs, dont les eaux se trouvent, par l'établissement du grand égout, exemptes des souillures apportées dans les premières eaux du fleuve, par les eaux-vannes et ménagères d'un million d'habitans !

Je le répète, le bon sens suffit pour prouver l'inanité d'un pareil raisonnement.

On a fait grand bruit des dépôts qui se forment dans le réservoir de Montmartre, comme dans tous les réservoirs alimentés en eaux de rivière. Ces dépôts sont désagréables à la vue, et, quand ils ont été au contact de l'air, ils *offensent l'odorat* ; mais enfin, puis-, qu'à Montmartre on les projette périodiquement sur la voie publique, faute d'égouts, c'est que les matières qui les composent ont cessé, dans le réservoir incriminé, d'être mélangées à l'eau qui les tenait en suspension avant son entrée dans les conduits et sa mise en consommation.

Ainsi, selon cette opinion, les dépôts des réservoirs de Montmartre seraient, de leur nature, semblables aux dépôts qui se forment dans tous les autres réservoirs.

L'administration municipale n'est pas exactement renseignée. Si elle veut sortir de l'erreur
profonde où elle est, il lui suffira de faire appeler devant elle *tous* les propriétaires des lavoirs
et des bains de Paris, et de les interroger. Je suis
certain d'avance que les propriétaires des lavoirs
de Montmartre, qui lui prouveront que les eaux
qui arrivent dans leurs réser- voirs forment des
dépôts abondans, infects et qui donnent naissance, ainsi que me le disait l'un d'eux, à des milliers de *petites sangsues !*

Cet industriel prenait de gros infusoires pour
des sangsues !

Analyser l'*eau trouble* de la rivière puisée à tel ou
tel point, ainsi qu'on l'a demandé, ne serait donc pas
la même chose qu'analyser l'*eau reposée* qui est livrée
au public.

Faisons d'abord observer qu'avant d'analyser
une eau on commence *toujours* par la filtrer.
Ceci dit comme simple remarque, j'arrive à la
conclusion tacite qui découle de l'observation
faite ci-dessus.

Pourrait-on supposer que si des eaux sont
malsaines lorsqu'elles sont *troubles*, ces eaux deviennent salubres du moment où elles ont déposé les sédimens organiques qu'elles renfer-
maient ?

Si telle est l'opinion de l'administration, jamais alors proposition plus erronée n'a été produite.

Je pourrais, pour éclairer ici la religion de
M. le préfet, faire appel à la science : j'aime
mieux avoir recours à son bon sens et à son
équité. Ce sera pour lui un guide non moins sûr.

Voici l'expérience simple et facile que je proposerais :

Que l'on prenne de la plus pure eau de source possible, qu'on la mette en contact pendant vingt-quatre heures, avec un dixième seulement de son poids, des dépôts pris dans le fleuve à Saint-Ouen ; que pendant cette courte période de temps on agite plusieurs fois le mélange, et enfin qu'on filtre et qu'on boive de cette eau !...

Cette expérience, faite par synthèse, démontrera mieux que toutes les analyses l'insalubrité des eaux que nous avons bues depuis deux ans.

Suffisait-il, en effet, qu'une eau fût *claire* et limpide pour être salubre ?... Mais alors l'eau de la Bièvre, qui, à sa jonction avec la Seine, contient par litre *dix fois plus de matières organiques que l'eau de la Seine prise à Bercy*, cette eau, de toutes la plus insalubre, pourrait donc être prise sans danger ?

Or, si la cause incontestée de l'insalubrité de l'eau de la Bièvre est due à une quantité notable de matières organiques qu'elle puise dans le lit du ruisseau où cette eau coule, il doit en être ainsi, car la cause est ici la même, des eaux de la Seine qui coulent à Saint-Ouen et sur le lit même des dépôts infects du grand égout collecteur.

Concluons donc que, contrairement à l'opinion de l'administration, les dépôts des réservoirs de Montmartre ont dû être l'objet d'une attention toute particulière de la part d'une commission locale d'hygiène.

Nous avons maintenant, grâce à l'autorité, des eaux salubres. Le moment est donc venu pour

nous de dire, sans qu'il en résulte d'inconvéniens, toute notre pensée, et de sortir d'une réserve dont les motifs seront facilement compris.

Cette confession nous réhabilitera, nous le désirons vivement, aux yeux de l'autorité, et nous
absoudra du reproche immérité qui nous a été
fait d'avoir voulu semer des inquiétudes parmi
nos concitoyens.

Nous venons de faire remarquer que l'eau de
la Bièvre, à sa jonction avec les eaux de la Seine,
renferme, par litre d'eau, 58 milligrammes de
matières organiques.

Eh bien! l'*eau filtrée* prise à St-Ouen, au milieu des vases où reposait l'ancien tuyau de la
pompe à feu, a donné, par litre d'eau, à l'analyse, une première fois soixante, et une seconde
fois soixante-neuf milligrammes de matières organiques, c'est-à-dire *un dixième de plus que
n'en fournit l'eau de la Bièvre.*

En publiant ce fait, nous aurions augmenté
les inquiétudes déjà si vives des habitans de
Montmartre; en le gardant pour nous jusqu'à
ce jour, nous avons fait preuve de prudence.

Pour démontrer la salubrité des eaux de
Montmartre d'une façon plus péremptoire encore
qu'elle ne l'a été par l'analyse du chimiste des
ponts et chaussées, M. le préfet vient de s'aviser,
un peu tardivement, de prier M. le ministre des
travaux publics de saisir de cette affaire le comité
consultatif d'hygiène publique.

De quelles analyses, M. le préfet de la Seine
veut-il parler?

D'analyses faites sur les nouvelles eaux? Je ne
le pense pas; cette demande, qui aurait dû être

faite hier, serait intempestive aujourd'hui que, grâce à nos réclamations, nos réservoirs sont maintenant remp is d'eaux potables.

Ces analyses ont donc perdu leur opportunité.

Nous applaudissons, du reste, au parti que vient de prendre M. le préfet : il faut que la lumière se fasse, et nous désirons sincèrement que ce soit au profit de son administration.

Nous attendons donc avec impatience le résultat de la nouvelle enquête.

Ce résultat sera long à obtenir, car les savans qui en seront chargés auront, pour arriver à une conclusion juste, à faire des analyses sur de nombreuses collections d'échantillons :

1° Sur des échantillons pris dans la Seine, à l'endroit même où reposait la bouche de l'ancien tuyau de la pompe à feu de Saint-Ouen;

2° Sur des échantillons pris les uns pendant les grandes eaux, les autres alors que les eaux sont basses; car dans l'un et l'autre cas les matières organiques qui se trouvent dans les eaux du fleuve changent de proportions, par cette raison que si le volume des eaux de l'égout est presque toujours invariable, celui des eaux du fleuve est sujet à de très grandes variations;

3° Sur des échantillons pris pendant les temps d'orage, et alors que, par l'agitation imprimée au fleuve, les vases déposées sur son lit se mêlent intimement à ses eaux; car à ces époques, et en raison de l'agitation et de la pression atmosphérique, ces eaux se trouvent plus chargées de matières organiques que dans des temps ordinaires;

4° Sur des échantillons pris pendant la fermeture des vannes intérieures de l'égout ;

5° Et enfin sur des échantillons pris à St-Ouen et à douze mètres du bord, lorsque les vannes sont levées et que le torrent des eaux de l'égout apporte au fleuve son maximum de souillures.

M. le préfet de la Seine nous apprend qu'il a proposé au conseil municipal de racheter les droits de la Compagnie générale des Eaux qui desservaient les communes des anciennes banlieues, *dans le but* d'abaisser au taux de la Ville le tarif très élevé des services privés.

Les habitans de Montmartre regrettent d'avoir été oubliés par M. le préfet, car jusqu'à présent ils n'ont pas eu leur part de cette munificence municipale, et l'ancien tarif *très élevé* n'a pas été changé pour eux ! En portant ce fait à sa connaissance, nous sommes certain qu'il sera pris en considération.

M. le préfet nous fait espérer que dans deux années il nous sera donné des eaux pures, limpides et fraîches, en échange de ces eaux indigestes, malsaines qui alimentent Paris.

Le jour où cette espérance deviendra une réalité, la cité aura obtenu un bienfait plus grand encore que ceux dont elle jouit depuis qu'on a assaini les maisons et les rues en y faisant arriver l'air et la lumière qui leur manquaient.

Mais, pour atteindre ce but d'une manière prompte et sûre, il n'y que le moyen que vous avez maintes fois indiqué, monsieur, c'est *la mise au concours de cet immense projet* des eaux de Paris, système déjà si heureusement appliqué à l'occasion de l'Opéra.

Veuillez, monsieur, agréer l'hommage de mes respectueux et dévoués sentimens.

HENRI ARRAULT.

Le nombre des examens et analyses auxquels ont été ou seront soumises les eaux de Montmartre, la compétence des diverses commissions d'enquête, l'autorité des fonctionnaires composant ces commissions, peuvent donner une idée des proportions que cette question a prises.

Comme le nombre de ces commissions laisserait nécessairement quelque confusion dans l'esprit du public, il ne paraîtra pas sans intérêt, pour plus de clarté, de les examiner. Elles sont au nombre de quatre :

1° LA COMMISSION D'HYGIÈNE PUBLIQUE ET DE SALUBRITÉ DE MONTMARTRE ;

2° LE CONSEIL SUPÉRIEUR DE SALUBRITÉ DE LA SEINE ;

3° LA COMMISSION DES PONTS ET CHAUSSÉES ;

4° LE COMITÉ CONSULTATIF D'HYGIÈNE PUBLIQUE DE FRANCE.

La commission de salubrité de Montmartre est composée de MM. le baron Michel de Trétaigne, maire de Montmartre; Hubert et Maumigny, docteurs en médecine; Buisson et Arrault, pharmaciens; Trubert, Dodin et Delevois, architectes.

Cette commission a consigné son opinion dans

un rapport, le 5 juin 1860 : *première analyse!*

Le conseil supérieur de salubrité de la Seine renferme dans son sein, comme membres titulaires, et adjoints à raison de leurs fonctions, les notabilités suivantes : M. le préfet de police, président ; MM. Combes, de l'Institut ; Trébuchel, Chevalier, Huzard, le Canu, Beaude, Bussy, Guérard, Boutron, Devergie, Lelut, Cadet de Gassicourt, Payen, de l'Institut ; Boussingault, de l'Institut ; Petit ; Jobert de Lamballe, de l'Institut ; Vernois, Boudet, Bouchardat, Duchesne, Michel Lévy, Bérard, Chevremont, Adelon, Bégin ; Dubois, doyen de la Faculté de médecine ; Rameau, Baube, Lasnier, Fournel, Dubois, architecte.

Ce conseil a été saisi de la question des eaux de Montmartre en 1859 ; le rapport déposé est demeuré secret : *deuxième analyse!*

En 1860, ce même conseil supérieur de salubrité de la Seine fut de nouveau saisi et donna très énergiquement son opinion dans un second rapport également demeuré secret : *troisième analyse!*

En mai 1861, un nouvel examen a été fait à l'école des ponts et chaussées, par l'honorable professeur, M. Hervé Mangon : *quatrième analyse!*

Enfin ces quatre enquêtes ne paraissent pas aujourd'hui suffisantes à l'administration municipale, puisque la question est déférée, en cinquième ressort, au

COMITÉ CONSULTATIF D'HYGIÈNE PUBLIQUE
DE FRANCE.

MM. Rayer, médecin de l'Empereur.

Baumes, ancien conseiller d'Etat.

Bussy, directeur de l'Ecole de pharmacie.

Le docteur Melier, inspecteur général des services sanitaires.

Davenne.

Thiria, inspecteur général des mines.

Isabelle, architecte des écoles des arts-et-métiers.

Ambroise Tardieu, docteur en médecine.

Wurtz, professeur à la Faculté de médecine.

Ville, professeur de chimie au Muséum.

Ce comité est assisté en outre de MM. de Boureuille, conseiller d'Etat, secrétaire général du ministère; Julien, directeur du commerce extérieur; Villermé, de l'Institut; Alquié, inspecteur des eaux de Vichy; Michel Lévy, du conseil de santé des armées; Barbier, administrateur des douanes; Reynaud, inspecteur général du service de santé; comte de Lesseps, sénateur; Langevin, administrateur des postes; Husson, directeur général de l'assistance publique; Dubois, d'Amiens, secrétaire perpétuel de l'Académie de médecine; François, ingénieur en chef des mines; Vaudremer, chef de bureau de la police sanitaire; A. Latour, docteur en médecine; Gustave Rouher, auditeur au conseil d'Etat.

Le résultat de cette enquête sera *une cinquième analyse!*

En résumé, ces cinq enquêtes auront mis à contribution la compétence de *soixante-cinq savans et hauts fonctionnaires publics* pour vérifier l'insalubrité des eaux de Montmartre!

Sans décliner le moins du monde la haute compétence de la science, on peut dire qu'il y a deux cent mille habitans, à Montmartre et aux environs, qui sont dès longtemps édifiés sur la question, au moyen du simple bon sens, jugeant sur l'autorité de trois experts infaillibles : *la vue, l'odorat* et *le goût.*

FIN

TABLE DES MATIÈRES

FIN DE LA TABLE DES MATIÈRES

Paris, imprimerie Schiller.

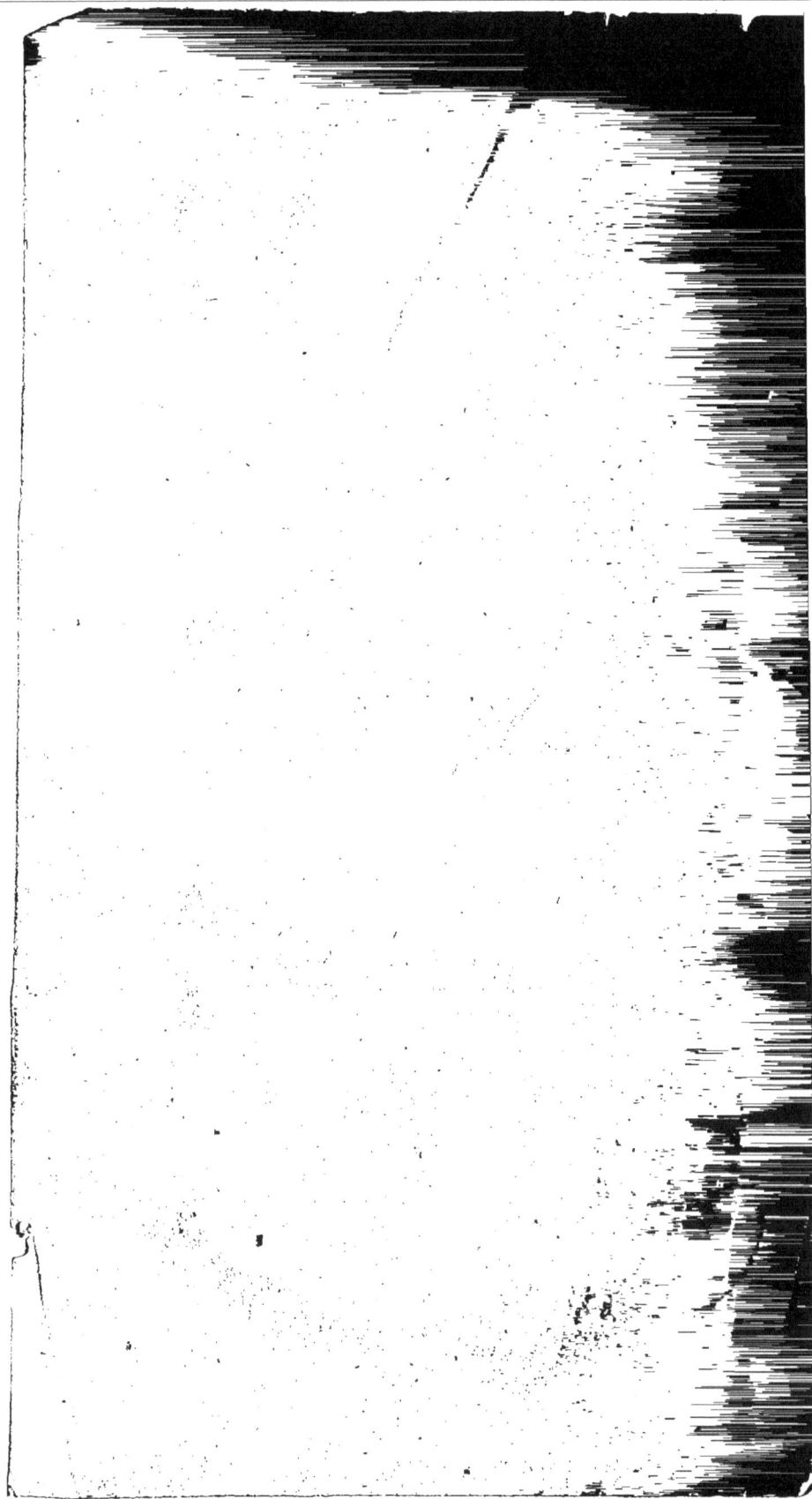

www.ingramcontent.com/pod-product-compliance
Lightning Source LLC
Chambersburg PA
CBHW070507200326
41519CB00013B/2745